教育部、财政部职业院校教师素质提高计划

建筑环境与能源应用工程类职教师资培养资源开发项目核心教材

空调工程案例设计

范 蕊 高 军 花 莉 编著

同济大学 出版社

TONGJI UNIVERSITY PRESS

·上海·

内 容 提 要

本书是基于职业院校教师素质提高计划建筑环境与能源应用工程类职教师资培养资源开发项目编写的特色教材,读者在学习过程中熟悉设备工程领域的工作内容和工作流程,掌握相应专业知识,具备相应基本技能。全书涵盖四个典型空调工程设计案例,包含全空气空调系统、风机盘管+新风系统、变风量空调系统、变制冷剂流量空调系统。

本书可作为师范院校建筑环境与能源应用工程类本科生参考教材,也可供相关专业职教师资培训和进修参考。

图书在版编目(CIP)数据

空调工程案例设计 / 范蕊,高军,花莉编著. -- 上海:同济大学出版社,2024.5

ISBN 978-7-5765-0669-3

Ⅰ.①空… Ⅱ.①范… ②高… ③花… Ⅲ.①空气调节系统—系统设计—教材 Ⅳ.①TU831.3

中国国家版本馆 CIP 数据核字(2023)第 242128 号

教育部、财政部职业院校教师素质提高计划
建筑环境与能源应用工程类职教师资培养资源开发项目核心教材

空调工程案例设计

范 蕊 高 军 花 莉 编著

责任编辑 任学敏	**助理编辑** 韩 青	**责任校对** 徐春莲	**封面设计** 潘向蓁

出版发行	同济大学出版社 www.tongjipress.com.cn
	(地址:上海市四平路 1239 号 邮编:200092 电话:021-65985622)
经 销	全国各地新华书店
排 版	南京月叶图文制作有限公司
印 刷	江苏凤凰数码印务有限公司
开 本	787 mm×1092 mm 1/16
印 张	7.25
字 数	163 000
版 次	2024 年 5 月第 1 版
印 次	2024 年 5 月第 1 次印刷
书 号	ISBN 978-7-5765-0669-3

定 价	42.00 元

前　　言

为贯彻落实《国务院关于大力发展职业教育的决定》有关要求,2006 年年底教育部、财政部启动实施了"中等职业学校教师素质提高计划",2013 年又启动了职业院校教师素质提高计划本科专业职教师资培养资源开发项目,该计划的一项重要内容是开发 88 个专业项目和 12 个公共项目的职教师资培养标准、培养方案、核心课程和特色教材,这对于促进职教师资培养培训工作的科学化、规范化,完善职教师资培养体系有着开创性、基础性意义。

本书是 2013 年启动的职业院校教师素质提高计划"建筑环境与能源应用工程类"本科专业职教师资培养的一本培训用书。职业教育作为以就业为导向的教育,与普通教育或高等教育相比,最大的不同点在于其专业鲜明的职业属性,职业教育教师的培养过程应做到工程培养与教育培养的结合,使学生不但具备作为一名教育工作者的素质,还熟悉职业领域的工作过程,掌握工作过程相关的专业知识,具备工程师的基本技能。本书试图构建融合教学于案例设计的工作化过程。

全书构建了四个典型的空调系统工程项目,按照工作化过程对四个典型的空调系统案例的设计过程进行讲解,包括全空气空调系统、风机盘管＋新风系统、变风量空调系统、变制冷剂流量空调系统。针对每一个项目,首先明确工作任务,了解工程项目的基本情况和设计要求;其次是进行任务分析,针对不同的空调系统设计任务进行任务解析,明确工作化过程中各阶段的子任务;再次是相关知识储备;最后,在任务实施部分,逐步完成各阶段子任务,直至最终完成全部任务。

本书借鉴了国内外职业教育丛书的编写经验,蕴含了国内外职业教育的理念。本书由范蕊、花莉、高军编著,范蕊和花莉负责编写项目一和项目二,高军负责编写项目三和项目四,范蕊负责统稿。

书中难免有疏漏之处,敬请指正。

编　者

2023 年 4 月

Contents 目录

项目一

全空气空调系统设计

设计要点：
- ♦ 常规空调系统设计过程
- ♦ 空调系统方案选择
- ♦ 空调负荷计算
- ♦ 空调风系统设计
- ♦ 空调水系统设计

1.1 工 作 任 务

1.1.1 工程概况

本任务的设计对象为上海市某博物馆及地下公共停车库,该建筑地上两层用作博物馆展览及配套办公等,建筑面积为 10 294 m²;地下一层为停车库、设备用房及仓库,建筑面积为 5 009 m²,本项目总建筑面积为 15 303 m²。一层平面布置如图 1-1 所示。

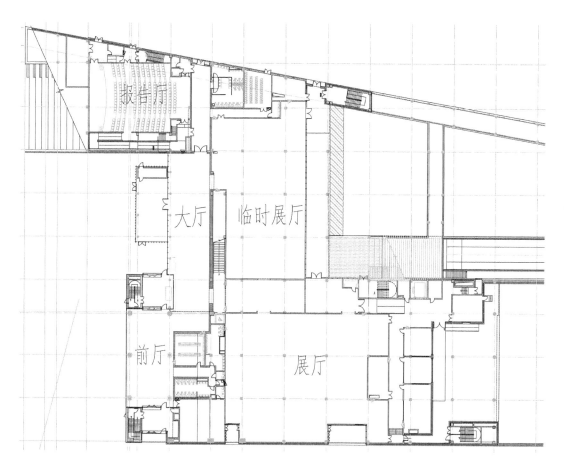

图 1-1 一层平面布置图

需根据本项目各区域的建筑平面布置、功能,结合建设单位提供的设计任务书的要求,配置合适的暖通空调系统,以满足各区域的空气调节需求。

1.1.2　任务分析

本项目的目标建筑为位于夏热冬冷地区的小型公共建筑,空调设计的服务对象主要为博物馆、展厅等高大空间,根据空间特性与使用需求,大空间采用全空气空调系统。本项目全空气空调系统的设计步骤概括见表 1-1。

表 1-1　设计步骤

步骤	具体内容		
第一步	设计准备	业主要求和给定条件	建设方提供的文件、建筑底图、设计任务书
		确定相关规范和法令	手册、规范、标准、措施等
		市政资料	燃气、热力、电力等
		现场调查	了解建筑物外部环境条件
		参数要求	室外气象条件、室内环境要求
第二步	空调负荷计算	房间冷热负荷估算	逐时、逐项空调冷负荷,空调热负荷
第三步	确定设计方案选定主要设备	确定设计方案	冷、热源方案;冷、热媒参数;水系统确定;空调方案及分区;空气处理方式;气流组织;控制方法等
		确定机房、管井、主要管道位置及尺寸	确定主要管道走向及各设备大致布置方案;机房布置
第四步	与相关工种配合,互相提供技术材料		
第五步	设计绘图、设计说明文件编制、计算书		

本项目的设计过程围绕篇首的若干知识要点展开,具体见表 1-2。

表 1-2　任务分析

任务步骤	具体内容
设计任务	室内、外设计参数选取
	围护结构热工计算
	负荷计算
	风系统水力计算
	水系统水力计算
	气流组织计算
任务实施	室内外参数选取:选取空调室内外计算参数
	空调负荷计算:冷负荷系数法计算空调负荷
	送风量计算:送风状态点选取、送风量计算
	风系统设计:风管布置、水力计算、设备选型
	水系统设计:水环路布置、水力计算、设备选型
	末端布置:气流组织计算、末端选型

1.2 知 识 模 块

1.2.1 室外气象参数的选取

室外空气计算参数是负荷计算的重要基础数据。根据《民用建筑供暖通风与空气调节设计规范》(GB 50736—2012)的规定：室外空气设计计算气象参数应按附录 A 选取,对于冬夏两季的各种室外计算温度,也可按附录 B 所列的简化方法确定。

1. 夏季空调计算用室外参数

夏季空气调节室外计算干球温度,应采用历年平均不保证 50 h 的干球温度。

夏季空气调节室外计算湿球温度,应采用历年平均不保证 50 h 的湿球温度。

夏季空气调节室外计算日平均温度,应采用历年平均不保证 5 d 的日平均温度。

夏季空气调节室外计算逐时温度可按式(1-1)确定:

$$t_{sh} = t_{wp} + \beta \Delta t_r \tag{1-1}$$

式中：t_{sh} ——室外计算逐时温度(℃)；

t_{wp} ——夏季空气调节室外计算日平均温度(℃)；

β ——室外温度逐时变化系数,见表 1-3；

Δt_r ——夏季室外计算平均日较差。

$$\Delta t_r = \frac{t_{wg} - t_{wp}}{0.52} \tag{1-2}$$

式中：t_{wg} ——夏季空气调节室外计算干球温度(℃)。

表 1-3 室外温度逐时变化系数

时刻	1	2	3	4	5	6
β	−0.35	−0.38	−0.42	−0.45	−0.47	−0.41
时刻	7	8	9	10	11	12
β	−0.28	−0.12	0.03	0.16	0.29	0.40
时刻	13	14	15	16	17	18
β	0.48	0.52	0.51	0.43	0.39	0.28
时刻	19	20	21	22	23	24
β	0.14	0.00	−0.10	−0.07	−0.23	−0.26

夏季空气调节室外计算逐时温度用于满足按不稳定传热计算的空调冷负荷的需要。

夏季通风室外计算温度,应采用历年最热月 14:00 的月平均温度的平均值。

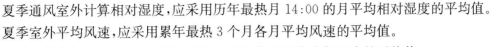

夏季通风室外计算相对湿度,应采用历年最热月14:00的月平均相对湿度的平均值。

夏季室外平均风速,应采用累年最热3个月各月平均风速的平均值。

夏季室外大气压力,应采用累年最热3个月各月平均大气压力的平均值。

2. 冬季空调计算用室外参数

冬季空气调节室外计算温度,应采用历年平均不保证1d的日平均温度。

冬季空气调节室外计算相对湿度,应采用累年最冷月平均相对湿度。

冬季通风室外计算温度,应采用累年最冷月平均温度。

冬季室外平均风速,应采用累年最冷3个月各月平均风速的平均值。

冬季室外大气压力,应采用累年最冷3个月各月平均大气压力的平均值。

3. 空调计算用室外气象参数

根据以上介绍,我们了解到空调计算用室外气象参数主要包含:大气压力、空调计算干球温度、空调计算湿球温度或相对湿度、通风计算干球温度以及室外平均风速等。

在空气调节计算中最常用的室外气象参数是空调计算干球温度、空调计算湿球温度或相对湿度,根据这两项参数便可以在焓湿图中确定室外空气的焓值,进而对空气处理过程展开计算。

1.2.2 室内设计参数的选取

根据《民用建筑供暖通风与空气调节设计规范》(GB 50736—2012)的规定:民用建筑空气调节室内计算参数应按以下规定采用。

1. 民用建筑长期逗留区域空气调节室内设计参数

室内设计参数主要包含温度、相对湿度以及室内风速,民用建筑长期逗留区域空气调节室内计算参数,应符合表1-4的规定。

表1-4 长期逗留区域空气调节室内计算参数

类别	热舒适度等级	温度(℃)	相对湿度	风速(m/s)
供热工况	Ⅰ级	22~24	≥30%	≤0.2
	Ⅱ级	18~22	—	≤0.2
供冷工况	Ⅰ级	24~26	40%~60%	≤0.25
	Ⅱ级	26~28	≤70%	≤0.3

2. 民用建筑短期逗留区域空气调节室内计算参数

民用建筑短期逗留区域空气调节室内计算参数,可在长期逗留区域参数基础上适当放低要求。夏季空调室内计算温度宜在长期逗留区域基础上提高2℃,冬季空调室内计算温度宜在长期逗留区域基础上降低2℃。

其中,考虑不同功能房间对室内热舒适度的要求不同,分级给出室内计算参数。热舒适度等级由业主在确定建筑方案时选择。热舒适度划分为两个等级(Ⅰ级和Ⅱ级),其中Ⅰ级热舒适度水平较高,Ⅱ级较低;等级划分的依据为PMV指标(表征人体热反应的评价指标,全称为 Predicted Mean Vote),热舒适度等级划分详见表 1-5。

表 1-5 不同热舒适度等级对应的 PMV 值

热舒适度等级	PMV
Ⅰ级	$-0.5 \leqslant PMV \leqslant 0.5$
Ⅱ级	$-1 \leqslant PMV < -0.5, 0.5 < PMV \leqslant 1$

3. 民用建筑室内人员所需最小新风量

民用建筑室内人员所需最小新风量应符合以下规定:

(1)公共建筑主要房间每人所需最小新风量应符合表 1-6 规定。

表 1-6 民用建筑主要房间每人所需最小新风量 单位:m^3/h

建筑类型	新风量
办公室	30
客房	30
多功能厅	20
大堂	10
四季厅	10
游艺厅	30
美容室	45
理发室	20
宴会厅	20
餐厅	20
咖啡厅	10

(2)设置新风系统的住宅和医院建筑,其设计最小新风量宜按照换气次数法确定,即房间的新风量等于房间体积乘以换气次数,换气次数的具体要求见表 1-7。

表 1-7 住宅和医院建筑最小新风换气次数 单位:h^{-1}

建筑类型	建筑特点	换气次数
住宅	人均居住面积 $\leqslant 10 \, m^2$	0.70
	$10 \, m^2 <$ 人均居住面积 $\leqslant 20 \, m^2$	0.60
	$20 \, m^2 <$ 人均居住面积 $\leqslant 50 \, m^2$	0.50
	人均居住面积 $> 50 \, m^2$	0.45
医院建筑	门诊室	2
	病房	2
	手术室	5

(3)高密度人群建筑设计最小新风量宜按照不同人员密度(PF)下的每人所需最小新风量确定,见表 1-8。

表1-8　不同人员密度下的每人所需最小新风量　　　　　单位：m²/h

建筑对象	所需最小新风量		
	PF≤0.4	0.4<PF≤1.0	PF>1.0
影剧院	13	10	9
音乐厅	13	10	9
商场	17	15	14
超市	17	15	14
歌厅	22	19	18
游艺厅	26	18	16
酒吧	25	17	15
多功能厅	13	10	9
宴会厅	25	18	15
餐厅	25	18	15
咖啡厅	13	10	9
体育馆	17	15	14
健身房	40	37	36

1.2.3　围护结构热工计算

围护结构热工计算包括对屋面、墙体（包含热桥部位）以及外窗部位的传热系数进行计算，为后续的空调负荷计算做准备。传热系数与热阻互为倒数关系，因此可以采取先计算围护结构热阻再取倒数求传热系数的方法。

1. 单一材料层热阻的计算

$$R = \frac{\delta}{\lambda} \tag{1-3}$$

式中：R ——材料层的热阻（m²·K/W）；

　　　δ ——材料层的厚度（m）；

　　　λ ——材料的导热系数［W/(m·K)］。

2. 多层围护结构的热阻计算

$$R = R_1 + R_2 + \cdots + R_n \tag{1-4}$$

其中，R_1，R_2，…，R_n 为各层材料的热阻，单位为 m²·K/W。

3. 平均热阻的计算

由两种以上材料组成的、两向非均质围护结构（包括各种形式的空心砌块，填充保温材料的墙体等，但不包括多孔黏土空心砖），如图1-2所示，其平均热阻应按式(1-5)计算。

$$\overline{R} = \left[\frac{F_0}{\dfrac{F_1}{R_{0.1}} + \dfrac{F_2}{R_{0.2}} + \cdots + \dfrac{F_n}{R_{0.n}}} - (R_i + R_e) \right] \varphi \tag{1-5}$$

图 1-2 两种及以上材料组成、两向非均质围护结构

式中：$\overline{R}$——材料层平均热阻（$m^2 \cdot K/W$）；

$\quad\quad F_0$——与热流方向垂直的总传热面积（m^2）；

$\quad\quad F_1$，F_2，$\cdots$，F_n——按平行于热流方向划分的各个传热面积（m^2）；

$\quad\quad R_{0.1}$，$R_{0.2}$，$\cdots$，$R_{0.n}$——各个传热面部位的传热阻（$m^2 \cdot K/W$）；

$\quad\quad R_i$——内表面换热阻，取 $0.11\ m^2 \cdot K/W$；

$\quad\quad R_e$——外表面换热阻，取 $0.04\ m^2 \cdot K/W$；

$\quad\quad \varphi$——修正系数，应按《民用建筑热工设计规范》（GB 50176—2016）附录 B 表 B.2 选用。

4. 围护结构的传热阻计算

$$R_0 = R_i + R + R_e \tag{1-6}$$

式中：R_0——围护结构的传热阻（$m^2 \cdot K/W$）；

$\quad\quad R_i$——内表面换热阻（$m^2 \cdot K/W$），应按《民用建筑热工设计规范》（GB 50176—2016）附录 B 第 B.4 节选用；

$\quad\quad R_e$——外表面换热阻（$m^2 \cdot K/W$），应按《民用建筑热工设计规范》（GB 50176—2016）附录 B 第 B.4 节选用；

$\quad\quad R$——围护结构热阻（$m^2 \cdot K/W$）。

5. 空气间层热阻

应按《民用建筑热工设计规范》（GB 50176—2016）附录 B 表 B.3 选用。

6. 外墙平均传热系数计算

外墙受周边热桥影响情况下，其平均传热系数应按式（1-7）计算。

$$K_m = \frac{K_p \cdot F_p + K_{B1} \cdot F_{B1} + K_{B2} \cdot F_{B2} + K_{B3} \cdot F_{B3}}{F_p + F_{B1} + F_{B2} + F_{B3}} \tag{1-7}$$

式中：K_m——外墙的平均传热系数（$m^2 \cdot K/W$）；

$\quad\quad K_p$——外墙主体部位的传热系数（$m^2 \cdot K/W$），应按照国家现行标准《民用建筑热工设计规范》（GB 50176—2016）的规定进行计算；

$\quad\quad K_{B1}$，K_{B2}，K_{B3}——外墙周边热桥部位的传热系数（$m^2 \cdot K/W$）；

$\quad\quad F_p$——外墙主体部位的面积（m^2）；

$\quad\quad F_{B1}$，F_{B2}，F_{B3}——外墙周边热桥部位的面积（m^2）。

外墙主体部位和周边热桥部位，如图 1-3 所示。

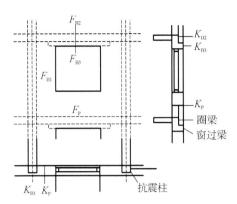

图 1-3　外墙主体部位和周边热桥部位

1.2.4　负荷计算

除在方案设计或初步设计阶段可使用冷、热负荷指标进行必要的估算外,施工图阶段应对空调区进行冬季热负荷和夏季逐项逐时冷负荷计算。目前空调负荷计算主要有谐波法和传递函数法两种方法,二者均能满足空调冷负荷计算要求。由于空调负荷计算是一个复杂的动态过程,建议采用计算机软件计算;条件不具备时,也可按《民用建筑供暖通风与空气调节设计规范》(GB 50736—2012)附录 H 提供的数据进行计算。

1. 空调冷负荷

空调的夏季冷负荷计算分为非稳定传热形成的冷负荷以及稳定传热带来的冷负荷。

(1)非稳定传热计算主要包含以下 4 个部分。

① 通过围护结构进入的非稳态传热的热量;

② 通过透明围护结构(如玻璃窗)进入的太阳辐射的热量;

③ 人体的散热量;

④ 非全天使用的设备、照明灯具的散热量。

(2)可按稳定传热方法计算的冷负荷主要包括以下 6 个部分。

① 室温允许波动范围≥±1℃的舒适性空调区,通过非轻型外墙进入的传热量;

② 空调区与邻室的夏季温差>3℃时,通过隔墙、楼板等内围护结构进入的传热量;

③ 人员密集场所、间歇供冷场所的人体散热量;

④ 全天使用的照明散热量,间歇供冷空调区的照明设备散热量等;

⑤ 新风带来的热量;

⑥ 伴随各种散湿过程产生的潜热量。

1)非稳定传热冷负荷计算

采用手算时,非稳定传热形成的冷负荷计算如下。

(1)通过围护结构进入的非稳定传热形成的逐时冷负荷,宜按照式(1-8)计算。

$$CL_E = KF(t_{wl} - t_n) \tag{1-8}$$

式中：CL_E——外墙、屋顶及外窗形成的逐时冷负荷（W）；

$\quad\quad K$——外墙、屋顶或外窗传热系数[W/(m²·K)]；

$\quad\quad F$——外墙、屋顶或外窗面积（m²）；

$\quad\quad t_{w1}$——外墙、屋顶或外窗的逐时冷负荷计算温度（℃），可按《民用建筑供暖通风与空气调节设计规范》（GB 50736—2012）附录 H 选用；

$\quad\quad t_n$——夏季空调室内计算温度（℃）。

（2）透过玻璃窗进入的太阳辐射形成的逐时冷负荷按照式(1-9)计算。

$$CL_W = C_{clW}C_Z D_{Jmax}F_W \quad\quad\quad (1-9)$$

式中：CL_W——透过玻璃窗进入的太阳辐射形成的逐时冷负荷（W）；

$\quad\quad C_{clW}$——冷负荷系数，按照《民用建筑供暖通风与空气调节设计规范》（GB 50736—2012）附录 H 选用；

$\quad\quad C_Z$——窗遮挡系数，可按《民用建筑供暖通风与空气调节设计规范》（GB 50736—2012）附录 H 选用；

$\quad\quad D_{Jmax}$——日射得热因数最大值，可按《民用建筑供暖通风与空气调节设计规范》（GB 50736—2012）附录 H 选用；

$\quad\quad F_W$——窗玻璃净面积（m²）。

（3）人体、照明和设备等散热形成的冷负荷，宜按照式(1-10)计算。

$$CL = C_{cl}CQ \quad\quad\quad (1-10)$$

式中：CL——人体、照明和设备等散热形成的逐时冷负荷（W）；

$\quad\quad C_{cl}$——冷负荷系数，可按《民用建筑供暖通风与空气调节设计规范》（GB 50736—2012）附录 H 选用；

$\quad\quad C$——修正系数，可根据实际情况查有关空调冷负荷计算资料获得，如计算人体显热散热形成的冷负荷时 $C=n\phi$，其中 n 为室内全部人数，ϕ 为群集系数，可参考表 1-9 选取；

$\quad\quad Q$——人体、照明和设备散热量。

表 1-9　群集系数 ϕ

工作场所	影剧院	百货商店	旅店	体育馆	图书阅览室	银行	工厂轻劳动	工厂重劳动
群集系数	0.89	0.89	0.93	0.92	0.96	1	0.9	1

2）稳定传热冷负荷计算

对可按稳定传热方法计算的冷负荷，其室外或邻室计算温度及传热形成的冷负荷，宜按下列情况分别确定。

（1）对于室温允许波动范围≥±1℃的空调区，其非轻型外墙传热形成的冷热负荷可按照式(1-11)计算。

$$CL_E = KF(t_{zp} - t_n) \quad\quad\quad (1-11)$$

$$t_{zp} = t_{wp} + \frac{\rho J_p}{\alpha_w} \tag{1-12}$$

式中：t_{zp}——夏季空调室外计算日平均综合温度（℃）；

　　　t_{wp}——夏季空调室外计算日平均温度（℃），可按《民用建筑供暖通风与空气调节设计规范》（GB 50736—2012）4.1.10 条的规定选用；

　　　J_p——围护结构所在朝向太阳总辐射照度的日平均值（W/m²）；

　　　ρ——围护结构外表面对于太阳辐射热的吸收系数；

　　　α_w——围护结构外表面换热系数［W/(m²·K)］。

（2）当空调区与邻室的夏季温差＞3℃时，通过隔墙、楼板等内围护结构传热形成的冷负荷可按照式（1-13）计算。

$$CL_{Ein} = KF(t_{ls} - t_n) \tag{1-13}$$

$$t_{ls} = t_{wp} + \Delta t_{ls} \tag{1-14}$$

式中：t_{ls}——邻室计算平均温度（℃）；

　　　Δt_{ls}——邻室计算平均温度与夏季空调室外计算日平均温度的差值（℃）。

3）稳定传热冷负荷计算（伴随散湿）

对可按稳定传热方法计算的冷负荷，伴随散湿过程产生的潜热冷负荷，计算方法如下。

（1）人体散湿量和潜热冷负荷。

① 人体散湿量按式（1-15）计算。

$$D = 0.001\phi n g \tag{1-15}$$

式中：D——散湿量（kg/h）；

　　　g——一名成年男子的小时散湿量（g/h）；

　　　n——总人数（个）；

　　　ϕ——群集系数。

② 人体散湿形成的潜热冷负荷按式（1-16）计算。

$$Q = \phi n q_2 \tag{1-16}$$

式中：q_2——一名成年男子小时潜热散热量（W）。

（2）食物散湿量及潜热冷负荷。

① 餐厅的食物散湿量，按式（1-17）计算。

$$D = 0.012\phi n \tag{1-17}$$

式中：n——就餐总人数。

② 食物散湿量形成的潜热冷负荷，按式（1-18）计算。

$$Q = 688D \tag{1-18}$$

（3）水面蒸发散湿量及潜热冷负荷。

① 敞开水面的蒸发散湿量按式(1-19)计算。

$$D = Fg \qquad (1-19)$$

式中：F——蒸发表面积(m^2)；

　　g——单位水面的蒸发量，可查《实用供热空调设计手册》表 20.12-1。

② 敞开水面蒸发形成的潜热冷负荷按式(1-20)计算。

$$Q = 0.28rD \qquad (1-20)$$

式中：r——汽化潜热(kJ/kg)。

（4）其他室内热源散热形成的冷负荷。

人体、照明设备等散热形成的逐时冷负荷，分别按式 1-21、式 1-22、式 1-23 计算。

$$CL_{rt} = C_{cl_{rt}}\phi Q_{rt} \qquad (1-21)$$

$$CL_{zm} = C_{cl_{zm}}C_{zm}Q_{zm} \qquad (1-22)$$

$$CL_{sb} = C_{cl_{sb}}C_{sb}Q_{sb} \qquad (1-23)$$

式中：CL_{rt}——人体散热形成的逐时冷负荷(W)；

　　$C_{cl_{rt}}$——人体冷负荷系数(取决于人员在室内停留的时间)，可按《民用建筑供暖通风与空气调节设计规范》(GB 50736—2012)的附录 H.0.5-1 选用；

　　ϕ——集群系数，可按《实用供热空调设计手册(第二版)》的表 20.7-2 选用；

　　Q_{rt}——人体散热量(W)；

　　CL_{zm}——照明散热形成的逐时冷负荷(W)；

　　$C_{cl_{zm}}$——照明冷负荷系数，可按《民用建筑供暖通风与空气调节设计规范》(GB 50736—2012)的附录 H.0.5-2 选用；

　　C_{zm}——照明修正系数；

　　Q_{zm}——照明散热量(W)；

　　CL_{sb}——设备散热形成的逐时冷负荷(W)；

　　$C_{cl_{sb}}$——设备冷负荷系数，可按《民用建筑供暖通风与空气调节设计规范》(GB 50736—2012)的附录 H.0.5-3 选用；

　　C_{sb}——设备修正系数；

　　Q_{sb}——设备散热量(W)。

2. 空调热负荷

空调区的冬季热负荷应根据建筑物散失和获得的热量计算，散失和获得的热量包括如下部分。

（1）围护结构的耗热量；

（2）加热由门窗缝隙等渗入室内的冷空气的耗热量；

（3）水分蒸发的耗热量；

（4）加热由外部运入的冷物料和运输工具的耗热量；

（5）通风耗热量；

（6）最小负荷的工艺设备散热量；

（7）热管道及其他热表面的散热量；

（8）热物料的散热量；

（9）通过其他途径散失或获得的热量。

1）围护结构的耗热量 Q_1（基本耗热量和附加耗热量）

（1）围护结构的基本耗热量。

$$Q_{j} = \alpha F K (t_{n} - t_{wn}) \tag{1-24}$$

式中：Q_j——围护结构的基本耗热量（W）；

　　　α——围护结构温差修正系数，按《民用建筑供暖通风与空气调节设计规范》（GB 50736—2012）的表 5.2.4 选用；

　　　F——围护结构的面积（m^2）；

　　　K——围护结构的传热系数 $[W/(m^2 \cdot K)]$；

　　　t_{wn}——采暖室外计算温度（℃），当计算通过隔墙和楼板的耗热量，且已知邻室温度时，$a = 1.0$ 且 t_{wn} 取邻室温度；

　　　t_n——室内计算温度（℃），一般情况下采用采暖室内计算温度，但当某房间属于层高大于 4 m 的工业建筑时，应符合下列规定：

① 地面，应采用工作地点的温度 t_g（℃），通常为采暖室内计算温度；

② 墙、窗和门，应采用室内平均温度 t_{np}（℃）：

$$t_{np} = (t_d + t_g)/2 \tag{1-25}$$

③ 屋顶和天窗，应采用屋顶下的温度 t_d（℃）：

$$t_d = t_g + \Delta t_H (H - 2) \tag{1-26}$$

式中：Δt_H——温度梯度（℃/m）；

　　　H——房间高度（m）。

（2）围护结构的附加耗热量。

围护结构的附加耗热量，应按其占基本耗热量的百分率确定。各项附加（或修正）百分率，宜按下列规定的数值选用：

① 朝向修正率 β_{ch}。

　　北、东北、西北　　　$0\% \sim 10\%$

　　东、西　　　　　　　-5%

　　东南、西南　　　　　$-10\% \sim -15\%$

　　南　　　　　　　　　$-15\% \sim -30\%$

② 风力附加率 β_f。

在不避风的高地、河边、海岸、旷野上的建筑物，以及城镇、厂区内特别高出周围建筑物的建筑物，其垂直的外围护结构（墙体）宜附加 $5\% \sim 10\%$。风力修正率不适用于楼板和隔墙。

③ 外门附加率 β_{m}。

当建筑物的楼层数为 n 时：

一道门	$65n\%$
两道门(有一个门斗)	$80n\%$
三道门(有两个门斗)	$60n\%$
公共建筑和生产厂房的主要出入口	500%

注：门附加率，只适用于短时间开启的，无热风幕的热门；不应考虑外门附加，此处外门是建筑物的底层入口的门。

④ 高度附加率 β_{fg}。

民用建筑和工业企业辅助建筑物(楼梯间除外)的高度附加率：房间高度大于 4 m 时，每高出 1 m 应附加 2%，但总的附加率不应大于 15%。

(3) 围护结构的耗热量 Q_1。

$$Q_1 = Q_j(1 + \beta_{\mathrm{ch}} + \beta_{\mathrm{f}} + \beta_{\mathrm{m}})(1 + \beta_{\mathrm{fg}}) \tag{1-27}$$

2) 加热由门窗缝隙渗入室内的冷空气的耗热量 Q_2

计算冷空气的耗热量前须先计算相关高度修正系数 C_{h}，有效热压差与有效风压差之比 C，冷风渗透综合修正系数 m，通过每米门窗缝隙进入室内的理论渗透空气量 L_0 以及各个不同朝向的渗透冷空气量 L。

(1) 高度修正系数 C_{h}。

$$C_{\mathrm{h}} = 0.3h^{0.4} \tag{1-28}$$

其中，h 为计算门窗的中心线标高(m)。

(2) 有效热压差与有效风压差之比 C。

$$C = 70 \cdot (h_z - h)/(\Delta C_{\mathrm{f}} v_0^2 h^{0.4}) \cdot (t'_{\mathrm{n}} - t_{\mathrm{wn}})/(273 + t'_{\mathrm{n}}) \tag{1-29}$$

式中：h_z——单纯热压作用下，建筑物中和面高度(m)，可取建筑物高度的二分之一；

v_0——基准高度冬季室外最多方向的平均风速；

ΔC_{f}——风压差系数，当无实测数据时，可取 0.7；

t'_n——建筑物内形成热压作用的竖井计算温度(℃)。

(3) 冷风渗透综合修正系数 m。

$$m = C_{\mathrm{r}}\Delta C_{\mathrm{f}}(n^{1/b} + C)C_{\mathrm{h}} \tag{1-30}$$

式中：C_{r}——热压系数，按《实用供热空调设计手册(第二版)》的表 5.1-11 选用；

n——单纯风压作用下，渗透冷空气量的朝向修正系数，按《实用供热空调设计手册(第二版)》的表 5.1-8 选用；

C——作用于门窗上的有效热压差与有效风压差之比，按式(1-29)计算；

C_{h}——高度修正系数；

b——门窗缝隙渗风指数，为 0.56～0.78；当无实测数据时，取 0.67。

(4) 通过每米门窗缝隙进入室内的理论渗透冷空气量 L_0。

$$L_0 = a_1 (0.5 \rho_{wn} v_0^2)^b \tag{1-31}$$

式中：a_1——外门窗缝隙渗风系数$[m^3/(m \cdot h \cdot Pa^b)]$；

　　　ρ_{wn}——采暖室外计算温度下的空气密度(kg/m^3)，可按下式计算：

$$\rho_{wn} = 1.29 \times 273/(273 + t_{wn}) \tag{1-32}$$

（5）各个不同朝向的渗透冷空气量L。

$$L = L_0 l_1 m^b$$

式中：L_0——在基准高度单纯风压作用下，不考虑朝向修正和内部隔断情况时，通过每米门窗缝隙进入室内的理论渗透冷空气量$[m^3/(m \cdot h)]$，按式(1-31)计算；

　　　l_1——外门窗缝隙的长度(m)，应分别按各朝向可开启的门窗全部缝隙长度计算；

　　　m——风压与热压共同作用下，考虑建筑体型、内部隔断和空气流通等因素后，不同朝向、不同高度的门窗冷风渗透综合修正系数，按式(1-30)计算。

根据上述计算结果，可直接计算加热由门窗缝隙渗入室内的冷空气的耗热量Q_2。

$$Q_2 = 0.28 C_p \rho_{wn} L (t_n - t_{wn}) \tag{1-33}$$

式中：C_p——空气的定压比热容，$1.01\ kJ/(kg \cdot ℃)$；

　　　t_{wn}——采暖室外计算温度$(℃)$；

　　　t_n——采暖室内计算温度$(℃)$，无层高修正。

其他散失或获得的热量可按稳定传热方法计算，具体参考前一节的冷负荷稳定传热计算方法。

1.2.5　风系统设计

风系统设计的基本任务：确定风管系统的形式、风管与风口的布置、空气处理过程计算、风系统水力计算及确定空调机组参数。

1. 风管系统的形式

风管系统常采用枝状系统，有圆形风管和矩形风管两种。其中，圆形风管具有允许风速高、噪声小、漏风率低、现场安装简便等优点，但占用空间较大，通常用于钢结构穿梁方式以及吊顶空间较大的场合。矩形风管造价较低、占用空间较小，但输送风速较低，漏风量较大。在设计时，应该结合实际情况合理选择风管形式。

风管系统包括送风管、回风管、新风管与排风管。按风管内工作压力其可分为低压系统、中压系统和高压系统。低压系统风管的工作压力$P \leqslant 500\ Pa$；中压系统风管的工作压力$500\ Pa < P \leqslant 1\ 500\ Pa$；高压系统风管的工作压力$P > 1\ 500\ Pa$。

风管系统按其管内风速又可分为低速系统和高速系统。低速系统风管的单位长度摩擦阻力损失在$0.8 \sim 1.5\ Pa/m$，最高风速控制在$13\ m/s$以下；高速系统风管的单位长度摩擦阻力损失在$1.5 \sim 5.0\ Pa/m$，最高风速控制在$20\ m/s$以下。

常规空调通风系统均为低速送风的中低压系统，有吊顶的空间采用矩形风管较多，通风管道规格应尽可能选用标准尺寸。

2. 风管与风口的布置

在建筑空间内,空调风管对室内净高的影响很大,风管布置时应结合室内净高的要求,一般贴梁底布置,并且在风道设计时,尽可能降低阻力。对于风量大于 10 000 m³/s 的空调通风系统,其风道系统的单位风量耗功率(W_s)不宜大于《公共建筑节能设计标准》(GB 50189—2015)表 4.3.22 规定的限值。

常见的风口有以下形式:百叶风口、散流器、喷口、旋流风口、座椅送风口、地板送风口等,风口的选择和布置应结合空调精度、气流组织、送风口安装位置以及建筑装修要求等因素确定。

3. 空气处理过程

空气的处理过程包括冷却、加热、加湿、减湿、过滤等。比较常见的空气处理空调系统,如全空气定风量一次回风系统、全空气定风量二次回风系统、风机盘管加独立新风系统等。

以全空气定风量一次回风系统为例,考虑一次回风处理到机器露点送风。在空调工况下,室外空气与室内回风先进行混合,再由空调机组处理混合好的空气到机器露点,舒适性空调一般没有精度要求,所以机器露点同时也是送风点,然后由送风点送入室内。

4. 风系统水力计算

风系统中水力计算的任务是确定风管的形状、尺寸,并选定风机设备。风管的水力计算方法有压损平均法、假定流速法等,本次任务采用假定流速法,即根据风管的风量和选定的流速,确定风管的断面尺寸,进而计算压力损失。按各环路的压力损失进行调整,以达到平衡,一般并联环路压力损失的相对差额不宜超过 15%。具体有如下四步。

(1)选择最不利风管环路。所谓最不利风管环路也就是阻力损失最大的管路,一般来说是距离最长的风管环路。

(2)确定风管的形状和选择风管的尺寸。根据空调服务房间的允许噪声级,查阅《实用供热空调设计手册(第二版)》的表 11.5-2、表 11.5-3 得到主管、支管、新风入口、出风口等各部位的推荐风速,也可根据表 1-10 选取推荐风速。先从最不利环路开始计算,根据风管断面面积=流量/流速,得到风管断面面积,有圆形和矩形风管可供选择,再根据断面面积选择风管尺寸,并根据实际选择风管尺寸算出实际风管流速。

表 1-10 风管推荐风速 单位:m/s

系统部位	风速					
	推荐风速			最大风速		
	住宅	公共建筑	工厂	住宅	公共建筑	工厂
风机吸风口	3.5	4.0	5.0	4.5	5.0	7.0
风机出风口	5.0~8.0	6.5~10.0	8.0~12.0	8.5	7.5~11.0	8.5~14.0
主风管	3.5~4.5	5.0~6.5	6.0~9.0	4.0~6.0	5.5~8.0	6.5~11.0
支风管	3.0	3.0~4.5	4.0~5.0	3.5~5.0	4.0~6.5	5.0~9.0
支立风管	2.5	3.0~3.5	4.0	3.25~4.0	4.0~6.5	5.0~8.0

(3)计算风管的压力损失并调整空气处理机组的机外余压,风管的压力损失包括沿程

（摩擦）阻力损失和局部阻力损失。

$$\Delta P = \Delta P_y + \Delta P_j \qquad (1\text{-}34)$$

$$\Delta P_y = \Delta P_m \times L \qquad (1\text{-}35)$$

$$\Delta P_j = \zeta \frac{v^2 \rho}{2} \qquad (1\text{-}36)$$

式中：ΔP ——风管的压力损失(Pa)；

$\quad\quad\ \Delta P_y$ ——风管的沿程阻力损失(Pa)；

$\quad\quad\ \Delta P_j$ ——风管的局部阻力损失(Pa)；

$\quad\quad\ \Delta P_m$ ——单位长度沿程压力损失(Pa)；

$\quad\quad\ L$ ——管长(m)；

$\quad\quad\ \zeta$ ——局部阻力系数；

$\quad\quad\ v$ ——风管该压力损失发生处的空气流速(m/s)；

$\quad\quad\ \rho$ ——空气密度(kg/m^3)。

根据送风量和最不利环路阻力损失选择或校核风机型号时，一般要考虑管路漏风情况。因此，需附加 10% 的风量进行选型；阻力损失一般也要附加 15% 进行选型。

（4）系统压力平衡计算，校核并联管路，确定风阀的安装。

按照步骤（3）进行其他支风管的水力计算，并进行并联支风管与主管路的阻力平衡，一般通风空调风系统中并联环路阻力损失相差应小于 15%，阻力损失过小的管路可采用阀门节流。

5. 确定空调机组参数

根据冷热量、风量、压力损失等参数需求，选择满足卫生、舒适、节能要求的组合式空调机组。

1.2.6　空调方案的分类和特点

空调系统有多种分类方法，具体如下。

1. 按照空调中空气处理设备的设置情况分类

（1）集中式空调。空气处理设备集中在机房里，处理过的空气通过风管送至各房间，适用于面积大、房间集中、各房间热湿负荷比较接近的场所，常用于大空间中。此类系统的主要形式有单风管系统、双风管系统、变风量系统等全空气系统。

（2）半集中式空调。既有机房集中处理也有末端用户单独处理空气的空调系统，适用于要求房间单独灵活控制的场所。典型代表是多联机系统和水-空气系统。

（3）分散式空调。末端用户都有独立的空气处理设备的空调系统。空调器可直接安装在末端用户房间里，就地处理空气，适用于面积小、房间分散、灵活控制、热湿负荷相差大的场所，是家用空调及车辆用空调的主要形式。

2. 按照空调使用目的分类

（1）舒适性空调。要求温度适宜，环境舒适，对温湿度的调节精度无严格要求的场所，如住宅、办公室、影剧院、商场、体育馆等场所。

（2）工艺性空调。对空气温度、湿度或洁净度有一定要求的场所，如电子器件生产车间、精密仪器生产车间、计算机房、生物实验室等。

3. 按负担室内热湿负荷所用的介质分类

（1）全空气系统。空调房间的室内负荷全部由经过处理的空气来负担，由于空气比热小，普遍系统风量大，需要较大的风管空间，输送能耗大，适用于商场、候车厅、影剧院等。

（2）全水系统。空调房间的热湿负荷由水负担，由于水的比热大，管道占用空间小。但在消除余热、余湿的同时不能解决室内通风换气的问题，所以一般不单独使用。

（3）水-空气系统。由处理过的空气和水共同负担室内空调负荷，适用于宾馆、办公楼、医院、商业建筑等。

（4）制冷剂系统。将制冷系统的蒸发器（或冷凝器）直接放在室内来承担空调房间热湿负荷，冷热量输送损失少，如家用房间空调器和商用单元式空调器。

4. 按照空调系统处理空气的来源分类

（1）直流式系统，又称为全新风系统。空调系统处理的空气全部为室外新风，经处理后送到室内。该种空调系统卫生条件好，但能耗大、经济性差，适用于不宜回风再利用的场所，如有毒气体实验室、无菌手术室等。

（2）封闭式系统，又称为再循环空调系统。空调系统处理的空气全部回收再循环利用，不引入室外新风。该系统能耗小、卫生条件差，适用于无人停留的地下建筑某些区域。

（3）混合式系统。空调系统处理的空气是新风和室内回风的混合，兼有前述两种系统的优点，应用比较普遍，如宾馆、办公室、住宅、剧场等场所。

此外，也有根据风量是否变化、风管数目、空调运行时间等进行分类的方法。

空调系统方案的确定与很多因素有关，在设计时应与建筑、结构、工艺等专业密切配合，其中主要考虑外部环境及所设计建筑物的特点这两方面的因素。

（1）外部环境。

① 气象资料：建筑物所处的地点、纬度、海拔高度、室外气温、相对湿度、风向、平均风速，冬季和夏季的日照率等。

② 周围环境：建筑物周围有无有害气体放散源、灰尘放散源；周围环境噪声要求；属于住宅区、混合区还是工业区；周围建筑的位置、规模和高度；环保、防火和城市规划等部门对建筑的要求等。

（2）所设计建筑物的特点。

① 规模：需要空调净化的面积及所在的位置。

② 用途：目前的用途，今后可能的改变。

③ 室内参数要求：要求的温度、相对湿度及其允许波动范围，有无区域温差要求；允许的工作区气流速度和均匀度；房间的净化要求；是否需要过滤、需要的净化级别；噪声的控制要求等。

④ 负荷情况：房间朝向、围护结构的构造，窗的构造和尺寸；设备的发热情况，人员及其流动情况，照明等发热情况；排风量。

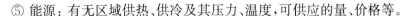

⑤ 能源：有无区域供热、供冷及其压力、温度，可供应的量、价格等。

一个典型的空调系统应由空调冷热源、空气处理设备、空调风系统、空调水系统、自动控制和调节装置组成。根据需要，它们能组成许多不同形式的系统。在工程上应综合考虑建筑的用途和性质、热湿负荷特点、温湿度调节和控制的要求、空调机房的面积和位置、初投资和运行维修费用等因素，结合表 1-11 与表 1-12 选定合理的空调系统。

表 1-11　各种空调系统适用条件和使用特点

空调系统	特点	装置类别	使用特点
集中式	房间面积大或多层、多室而热湿负荷变化情况类似；新风量变化大；室内温度、湿度、洁净度、噪声、振动等要求严格；全年多工况节能，采用天然冷源	定风量直流式	房间内产生有害物质，不允许空气再循环使用
		定风量一次回风	室内散湿量较大，房间允许较大的送风温差
		定风量二次回风	室内散湿量较小，且不允许较大的送风温差
		变风量	各区域负荷变化不一致且需要分别调节；室温允许波动范围 $\Delta T > \pm 1℃$；显热负荷变化不大
半集中式	房间面积大但风管不易布置；多层多室层高较低，热湿负荷不一致或参数要求不同；室内温度允许波动为 $\pm 1℃$，相对湿度允许波动为 $\pm 10\%$；要求各室空气不要串通；要求调节风量	风机盘管＋独立新风	空调房间较多，空间较小，且各房间要求单独调节；建筑面积较大但主风管敷设困难
		变制冷剂流量＋独立新风	无水系统和机房；各区域要求单独调节
分散式	各房间工作班次和参数要求不同且面积较小；空调房间布置分散；工艺变更可能性较大或改建房屋层高较低且无集中冷源		

表 1-12　常用空调系统的比较

项目	系统分类				
	集中式系统		半集中式系统		分散式系统
	单风管定风量	变风量	风机盘管	多联机	单元式或房间空调器
初投资	一般	较差	一般	较差	较好
节能效果与运行	较好	较好	一般	较好	一般
施工安装	较差	较差	一般	一般	较好
使用寿命	较长	较长	一般	一般	较短
使用灵活性	较差	较差	一般	较好	较好
机房面积	较差	较差	一般	较好	较好
恒温控制	较好	一般	一般	较差	一般
恒湿控制	较好	较差	较差	较差	较差
消声	较好	较好	一般	一般	较差
隔振	较好	较好	一般	一般	较差
房间清洁度	较好	较好	较差	较差	较差
风管系统	较差	较差	一般	一般	较好
维护管理	较好	较好	一般	一般	较差
防火、防爆、房间串气	较差	较差	一般	一般	较好

1.2.7　博物馆空调系统设计要点

博物馆建筑供暖通风空调设计应符合如下规定。

（1）根据《博物馆建筑设计规范》（JGJ 66—2015）的要求，博物馆的陈列展览区和业务区宜设置空调，室内空气设计计算参数宜符合表 1-13 的规定。

表 1-13　陈列展览区和业务区室内空气设计计算参数

房间名称	夏季		冬季		每人新风量（m^3/h）
	温度（℃）	相对湿度	温度（℃）	相对湿度	
办公室	24～27	55%～65%	18～20	—	30
会议室	25～27	≤65%	16～18	—	30
休息室	25～27	≤60%	18～22	—	30
展览区	25～27	45%～60%	18～20	35%～50%	20
技术用房	25	45%～60%	18～20	≥40%	30
餐厅	25～27	≤65%	18～20	—	20
门厅	26～28	≤65%	16～18	—	10
计算机房	23±2	45%～60%	20±2	45%～60%	20

（2）博物馆的陈列展览区、藏品库区和公众集中活动区宜采用全空气空调系统。

（3）展示书画等对温湿度较敏感藏品的展厅，可设置展柜恒温恒湿空调机组。

（4）文物保护和修复工作中常会产生有害气体或有害废液，故文物保护区域宜单独设置消毒、排风通道。

（5）考虑到过大的风速与风量会对文物造成风化破坏，因此博物馆库房与展厅都应采取多风口、小风量、低风速的空调送风方式。

1.3　任务实施

本任务实施的流程如图 1-4 所示。

图 1-4　任务实施流程

1.3.1　参数选取及热工计算

1. 参数选取

该博物馆位于上海，因此选取上海空调室外计算参数，见表 1-14。

表 1-14 上海空调室外计算参数

季节	室外计算参数					
	大气压力 (kPa)	空调计算干球 温度(℃)	空调计算湿球 温度(℃)	相对湿度	通风计算干球 温度(℃)	风速(m/s)
夏季	100.54	34.0	28.2	—	31.2	3.1
冬季	102.54	—4.0	—	75%	4.2	2.6

该博物馆有办公室、展厅、报告厅以及门厅等室内空间需要空调,因此根据室内设计规范选取参数,详见表 1-15。

表 1-15 空调室内设计参数

房间	室内设计参数				每人新风量 (m³/h)	允许噪声 dB(A)
	夏季		冬季			
	温度(℃)	相对湿度	温度(℃)	相对湿度		
办公室	26	≤65%	20	≥40%	30	≤45
展厅	27	≤65%	18	≥40%	20	≤50
报告厅	25	≤65%	18	≥40%	20	≤45
门厅	27	≤65%	18	≥30%	10	≤50

2. 屋面传热系数计算

利用前述的围护结构热工计算方法,根据各层材料的厚度、导热系数、修正系数,综合本项目 1.2.3 的平均传热系数计算公式,对该博物馆及地下公共停车库项目中屋面及墙体平均传热系数均进行计算,其中屋面传热系数计算结果见表 1-16,墙体传热系数计算结果见表 1-17。

其中屋面和墙体的屋面热阻如下:

屋面热阻 $R_o = R_i + \sum R + R_e = 1.854 + 0.15 = 2.004(m^2 \cdot K)/W$

墙体热阻 $R_o = R_i + \sum R + R_e = 1.769 + 0.15 = 1.919(m^2 \cdot K)/W$

表 1-16 屋面传热系数

构造材料名称	厚度 (mm)	导热系数 [W/(m·K)]	热阻值 [(m²·K)/W]	修正系数
细石钢筋混凝土	40	1.740	0.023	1.00
防水材料	—	—	—	不计
水泥砂浆	20	0.930	0.022	1.00
陶粒混凝土 (干密度 1 700 kg/m³)	100	0.950	0.105	1.00
泡沫玻璃板 (ZES-B3,密度≤165 kg/m³)	120	0.062	1.613	1.20
水泥砂浆	20	0.930	0.022	1.00

(续表)

构造材料名称	厚度 (mm)	导热系数 [W/(m·K)]	热阻值 [(m²·K)/W]	修正系数
钢筋混凝土	120	1.740	0.069	1.00
屋面各层之和	420		1.854	
内、外表面换热阻	$R_i + R_e = 0.15$			
屋面热阻 $R_o = R_i + \sum R + R_e$	2.004(m²·K)/W			
屋面传热系数	0.50 W/(m²·K)			
屋面传热系数限值	0.50 W/(m²·K)			

注：屋面满足《公共建筑节能设计标准》(DGJ08-107—2012)中表 3.3.1-1 的规定。

表 1-17　墙体传热系数

构造材料名称	厚度 (mm)	导热系数 [W/(m·K)]	热阻值 [(m²·K)/W]	修正系数
装饰面层(涂料)	—	—	—	不计
岩棉板	50	0.040	1.042	1.20
加气混凝土砌块	200	0.220	0.727	1.25
外墙各层之和	250		1.769	
内、外表面换热阻	$R_i + R_e = 0.15$			
外墙热阻 $R_o = R_i + \sum R + R_e$	1.919(m²·K)/W			
外墙传热系数	0.52 W/(m²·K)			

1.3.2　空调负荷计算

　　利用 1.2.4 的负荷计算方法得到该博物馆不同房间逐时建筑冷/热负荷,选取最大值得到房间空调冷/热负荷,夏季总冷指标＝夏季总冷负荷/房间面积,冬季总热指标＝冬季总热负荷/房间面积,其中新风量的确定参见项目二中 2.2.3,表 1-18 中仅给出相关结果。

表 1-18　建筑冷热负荷计算结果

不同编号的房间	房间 面积 (m²)	夏季总冷 负荷(含 新风/全 热)(W)	夏季 新风量 (m³/h)	夏季总冷 指标(含 新风/全 热)(W/m²)	冬季总热 负荷(含 新风)(W)	冬季 新风量 (m³/h)	冬季总热 指标(含 新风)(W/m²)	最大冷 负荷发 生时刻	最大热 负荷发 生时刻
201 卫生间	97	10 149	194	105	−9 465	194	−98	17:00	9:00
202 展厅	1 619	477 438	15 381	295	−328 144	15 381	−203	16:00	9:00
203 展厅	1 994	560 572	18 943	281	−379 959	18 943	−191	16:00	9:00
205 陈列部	57	17 734	542	311	−12 955	542	−227	16:00	9:00
206-3 领导办公室	39	7 724	200	198	−5 319	222	−136	16:00	9:00

（续表）

不同编号的房间	房间面积（m²）	夏季总冷负荷（含新风/全热）（W）	夏季新风量（m³/h）	夏季总冷指标（含新风）（W/m²）	冬季总热负荷（含新风/全热）（W）	冬季新风量（m³/h）	冬季总热指标（含新风）（W/m²）	最大冷负荷发生时刻	最大热负荷发生时刻
206-2 领导办公室	39	7 724	200	198	−5 319	222	−136	16:00	9:00
206-1 领导办公室	39	7 724	200	198	−5 319	222	−136	16:00	9:00
207 综合办公室	34	6 572	194	193	−4 495	194	−132	16:00	9:00
208 教育部	48	9 897	274	206	−9 688	274	−202	17:00	9:00
209 报告厅控制室	82	13 922	467	170	−18 636	467	−227	17:00	9:00
2F	4 048	1 119 020	36 660	276	−779 298	36 660	−193	16:00	9:00
101 报告厅	466	93 702	3 990	201	−50 554	3 990	−108	15:00	9:00
102 报告厅前室	101	10 547	288	104	−4 328	288	−43	17:00	9:00
103 卫生间	104	11 068	207	106	−5 927	207	−57	17:00	9:00
104 咖啡厅	134	21 151	637	158	−17 273	637	−129	16:00	9:00
105 临时展厅	389	109 471	3 696	281	−60 618	3 696	−156	16:00	9:00
106 临时展厅	852	237 833	8 094	279	−136 106	8 094	−160	15:00	9:00
107 大厅	406	54 685	1 157	135	−25 961	1 157	−64	16:00	9:00
108 卫生间	111	9 245	221	83	−2 137	221	−19	17:00	9:00
109 走道	256	27 649	730	108	−12 241	730	−48	17:00	9:00
110 临时展厅	1 080	297 005	10 260	275	−168 684	10260	−156	15:00	9:00
111 贵宾室	131	20 224	747	154	−12 841	747	−98	14:00	9:00
112 卸货区	41	4 593	117	112	−1 761	117	−43	16:00	9:00
113 艺术品卸货区	39	4 020	111	103	−1 326	111	−34	17:00	9:00
114 登记室	76	11 022	433	145	−5 482	433	−72	16:00	9:00
115 安全管理室	32	4 887	180	155	−2 591	180	−82	16:00	9:00
116 展厅	46	10 846	437	236	−5 254	437	−114	16:00	9:00
117 卫生间	53	5 206	106	98	−2 571	106	−49	17:00	9:00
1F	4 317	941 028	31 847	218	−517 951	31 847	−120	16:00	9:00
016 艺术品库房	548	54 700	1 562	100	−23 694	1 562	−43	17:00	9:00
015 艺术品库房	133	13 450	339	101	−4 261	339	−32	17:00	9:00
014 艺术品库房	145	14 005	413	97	−3 988	413	−28	17:00	9:00
013 缓冲间	91	12 432	519	137	−5 798	519	−64	17:00	9:00
011 食堂	228	62 985	2 166	276	−26 646	2 166	−117	16:00	9:00
007 维修室	38	3 590	76	94	−1 156	76	−30	17:00	9:00
006 物业办公室	37	5 420	209	148	−2 752	209	−75	16:00	9:00
005 实验室	46	9 012	262	196	−2 989	262	−65	16:00	9:00
004 修复室	47	6 745	268	144	−3 319	268	−71	16:00	9:00

（续表）

不同编号的房间	房间面积（m²）	夏季总冷负荷（含新风/全热）(W)	夏季新风量（m³/h）	夏季总冷指标（含新风）(W/m²)	冬季总热负荷（含新风/全热）(W)	冬季新风量（m³/h）	冬季总热指标（含新风）(W/m²)	最大冷负荷发生时刻	最大热负荷发生时刻
003 储藏室	19	2 185	54	115	−873	54	−46	17:00	9:00
002 鉴赏室	39	8 896	369	229	−4 602	369	−119	16:00	9:00
001 编目室	33	4 987	188	151	−3 490	188	−106	16:00	9:00
B1	1 403	198 206	6 424	141	−83 568	6 424	−60	16:00	9:00
大楼 1	9 768	2 258 254	74 931	231	−1 380 817	74 931	−141	16:00	9:00

1.3.3　空调系统的方案选择

根据 1.2.6 节的方案选择原则和各系统对比，考虑到该博物馆包含展厅和办公室等，初步选择集中式全空气系统和风机盘管＋独立新风系统进行比较，比较结果见表 1-19。

表 1-19　集中式全空气系统和风机盘管＋新风系统比较

比较项目	集中式全空气系统	风机盘管＋新风系统
设备布置与机房	空调与制冷设备可以集中布置在机房	只有新风空调占用机房面积；风机盘管可以安装在空调房间里；分散布置，敷设各种管线较复杂
节能和经济	可以根据室外气象参数变化实现全年多工况节能运行；对热湿负荷不一致或室内参数不同的多房间不经济；部分房间停止空调，系统仍运行，不经济	无法实现全年多工况调节；灵活性大，节能效果好；盘管可冬夏兼用，但内壁易结垢，降低传热效率
风管系统	空调送、回风管系统复杂，布置困难；支风管和风口过多时不易平衡	放室内时，不接送、回风管；当系统和新风系统联合使用时，新风量较小
维护运行	空调与制冷设备集中在机房内，便于管理和维修	布置分散，维护与管理不便，系统复杂，易漏水
温湿度控制	可严格控制温度和相对湿度	室内要求严格时，难以满足要求
空气过滤与净化	可以采用初效、中效和高效过滤器，满足室内空气清洁的不同要求；采用喷水室时，水与空气直接接触，易受污染，须经常换水	过滤性能差，室内清洁度要求较高时难以满足
消声隔振	可以采取有效的消声和隔振措施	必须采用低噪声风机，才能满足室内要求
风管互相串通	空调房间之间有风管连通，各个房间空气易互相污染；当发生火灾时，烟会通过风管迅速蔓延	各个房间之间空气不会互相污染
使用寿命	使用寿命长	使用寿命长
安装	设备和风管安装工程量大，周期长	安装投产快

多层建筑的空调系统方案选择应根据各层平面布置和机房的位置等条件而定，尽量做到风管布置合理，大空间要求的室内空气参数相同，实现全年多工况节能运行调节，达到经济的效果。

　　此建筑为位于夏热冬冷地区的小型公共建筑,为便于集中管理,对房间面积或空间较大、人员较多、有必要集中进行温度及湿度控制的空气调节区,采用一次回风的集中式全空气系统;对其他面积较小、使用时间不统一的空调房间(如办公室)采用风机盘管＋新风系统。在本项目中主要针对一次回风的全空气系统部分进行介绍。

1.3.4　空调风系统设计

1. 风管、风口的布置

　　以报告厅为例,服务空间属于大空间并且其净高较高,考虑采用低速送风全空气一次回风系统,采用矩形风管,主管采用标准尺寸规格 1 600 mm×500 mm。风管贴梁底布置,末端送风口采用旋流风口,回风口采用双层格栅风口,气流组织为顶送顶回。

2. 空气处理过程分析

　　展厅、报告厅等大空间采用一次回风全空气系统。

　　空气处理过程采用一次回风处理到机器露点,然后由露点直接送风到室内的方式。这里参考了《公共建筑节能设计标准》(GB 50189—2015),由于大空间对舒适性空调的精度要求不高,故一般不受送风温差的限制。

　　在空调工况下,室外空气(W 点)与室内回风(N 点)进行混合(C 点),再由空调机组处理混合好的空气到机器露点(L 点),机器露点(L 点)同时也是送风点(O 点),然后空气由 O 点送入室内,空气处理流程如图 1-5 所示。

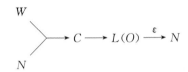

图 1-5　空气处理流程

　　下面以报告厅为例来进行空气处理过程的分析以及送风量的计算。

　　该报告厅建筑面积为 466 m²,室内空调冷负荷为 50.356 kW,湿负荷为 18.314 kg/h,新风量为 3 990 m³/h。室外状态点 W 参数为:干球温度 34.0℃,湿球温度 28.2℃,相对湿度 65%,含湿量 22.1 g/kg,焓值 90.9 kJ/kg;室内状态点 N 参数为:干球温度 25.0℃,湿球温度 20.2℃,相对湿度 65%,含湿量 13.0 g/kg,焓值 58.4 kJ/kg。热湿比 ε 等于冷负荷与湿负荷之比,本例中可计算得到 $\varepsilon = \dfrac{冷负荷}{湿负荷} = 50.356/(18.314/3600) = 9\,898.5$ kJ/kg。

　　在焓湿图上,如图 1-6 所示,首先根据室内外干湿球温度确定室外状态点 W、室内状态点 N,然后过 N 点作 ε 线,与90%相对湿度线($\varphi=90\%$)相交,即得机器露点 L,同时也是送风点 O,连接室内外状态点 W 和 N 得到室外新风、室内回风的混合状态点 C,C 点为一次回风状态点,该点的确定取决于室外新风和室内回风比例,具体计算如下。

　　机器露点 L(也是送风状态点 O)参数为:干球温度 17.5℃,湿球温度 16.9℃,含湿量为 11.9 g/kg,焓值 47.9 kJ/kg;

　　由点 O 到点 N 的过程可计算得到空调送风量 $G = \dfrac{冷负荷}{焓_N - 焓_O} = 50.356/(58.4-47.9) = $ 14 363 m³/h;进一步可得到室外新风量与空调总风量 G 的比值,$\dfrac{新风量}{总风量} = 3\,990/14\,363 = $

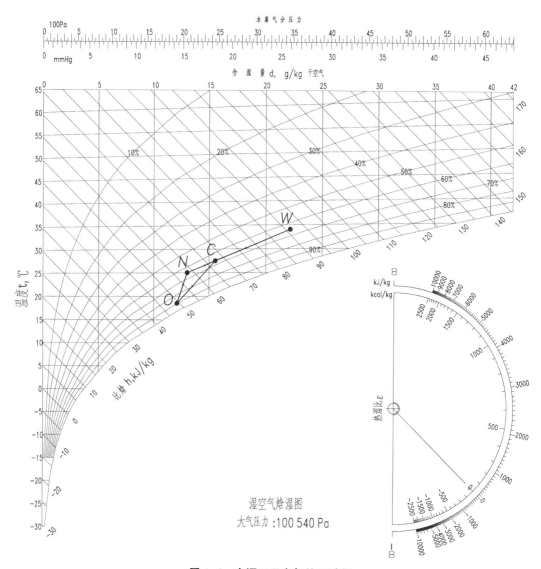

图 1-6 空调工况空气处理过程

28%，由该比值可在 WN 连接线上确定 C 点参数为：干球温度 27.5℃，湿球温度 22.7℃，相对湿度 67%，含湿量为 15.5 g/kg，焓值 67.4 kJ/kg。

此外，可进一步得到空气处理设备将送风量 G 从 C 点处理到 L(O) 点所需要的制冷量 = 总风量 × ρ × (焓$_C$ − 焓$_L$) = 14 363 × 1.2/3 600 × (67.4 − 47.9) = 93.849 kW。

在冬季工况下，冬季空气处理过程先是室外新风(W 点)与室内回风(N 点)一次混合(C 点)，然后等温加湿(M 点)，再加热(O 点)，送入室内(N 点)，过程如图 1-7 所示。

室外状态点 W 参数：干球温度 −4.0℃，湿球温度 −5.2℃，含湿量 2.1 g/kg，焓值 1.2 kJ/kg；室内状态点 N 参数：干球温度 18.0℃，湿球温度 11.5℃，含湿量 5.8 g/kg，焓值 32.9 kJ/kg；室内空调热负荷 7.753 kW，室内空调湿负荷 12.389 kg/h，新风量 3 990 m³/h。

冬季空调热湿比 $\varepsilon = \dfrac{热负荷}{湿负荷} = -7.753/(12.389/3\ 600) = -2\ 253$ kJ/kg。

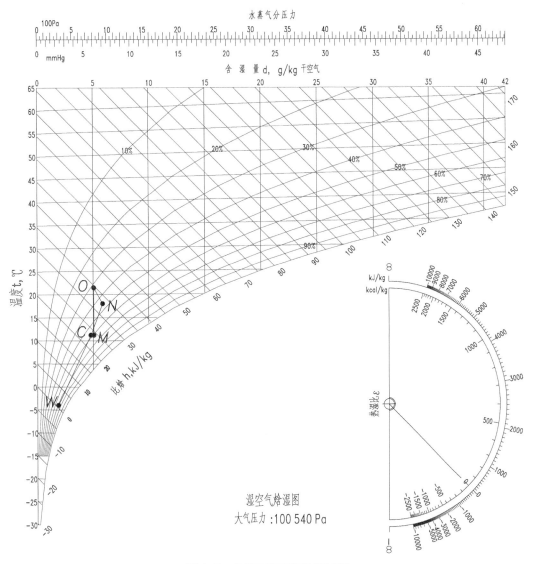

图 1-7　冬季工况空气处理过程

全年送风量保持不变,因此可知冬季空调的送风量 G 也为 14 363 m^3/h,则可进一步得到冬季送风状态点 O 比焓为 $\dfrac{3\,600 \times 热负荷}{总送风量 \times 1.2} + 焓_N = 34.5 \text{ kJ/kg}$。过室内状态点 N 作冬季热湿比线,并与比焓线 34.5 kJ/kg 相交,从而得到送风状态点 O,过 O 点作等含湿量线。

冬季新风占总送风量比例仍是 28%,则连接室外状态点 W 与室内状态点 N,可得室外新风与室内回风混合状态点 C,过 C 点作等温线与 O 点等含湿量线相交可得到 M 点。

混合点 C 参数:干球温度 11.2℃,含湿量 4.76 g/kg;

送风状态点 O 参数:干球温度 21.4℃,湿球温度 12.1℃,含湿量 5.1 g/kg,焓值 34.5 kJ/kg;

M 点参数:干球温度 11.2℃,湿球温度 7.6℃,含湿量 5.1 g/kg,焓值 24.1 kJ/kg;

空调加热（$M-O$）量：

总送风量 $\times \dfrac{\rho}{3\,600} \times$（焓$_O$ − 焓$_M$）$= 14\,363 \times 1.2/3\,600 \times (34.5 - 24.1) = 49.79\ \mathrm{kW}$；

空调加湿量（$C-M$）：

总送风量 $\times \rho \times$（含湿量$_M$ − 含湿量$_C$）$= 14\,363 \times 1.2/1\,000 \times (5.1 - 4.76) = 5.79\ \mathrm{kg/h}$。

至此，已经明确了该多功能报告厅空气处理设备的制冷量、制热量以及加湿量，这些数值将用于空气处理设备的选型和校核。

3. 风管水力计算

该报告厅风管平面布置如图 1-8 所示。

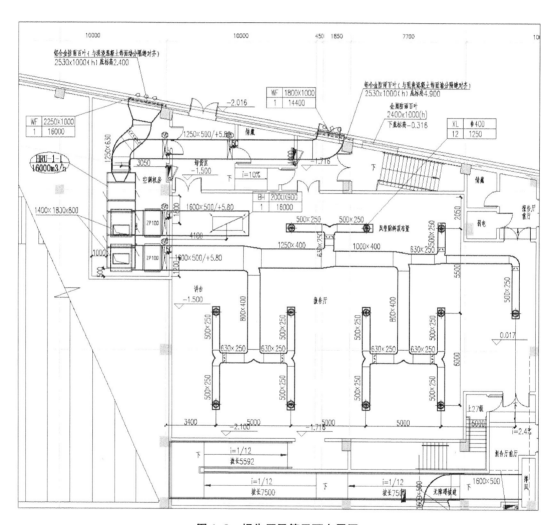

图 1-8　报告厅风管平面布置图

根据图 1-8 绘制报告厅全空气管道的系统图（图 1-9），对各管段进行编号，选定最不利环路，本系统选择 1-2-3-4-5-6 为最不利环路。

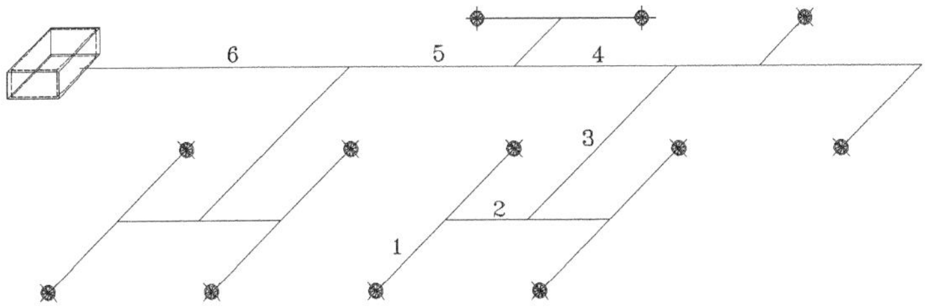

图 1-9 报告厅风系统图

根据各管段的风量及选定的流速,确定最不利环路上各管段的断面尺寸和单位长度摩擦阻力。以下以管段 1 为例进行讨论。

① 风量为 1 250 m³/h,初选风速 $v=3$ m/s,则要求断面面积为

$$A = \frac{1\,250}{3\,600 \times 3} = 0.116 \text{ m}^2$$

选定断面为 500 mm×250 mm(风管规格选自《工业通风》附录 8),这时实际风速为

$$v = \frac{1\,250}{3\,600 \times 0.5 \times 0.25} = 2.78 \text{ m/s}$$

相应的动压 $p_d = 4.59$ Pa。

② 由选定尺寸得流速当量直径为

$$d_e = \frac{2ab}{a+b} = \frac{2 \times 500 \times 250}{500 + 250} = 330 \text{ mm}$$

③ 根据 $d_e = 330$ mm 和 $v = 2.78$ m/s,查《实用制冷与空调工程手册(第二版)》图 37-2 得比摩阻

$$R = 0.30 \text{ Pa/m}$$

则摩擦阻力

$$\Delta P_y = 0.30 \times 3 = 0.9 \text{ Pa}$$

④ 确定局部阻力系数。

查《实用制冷与空调工程手册(第二版)》表 11.3-1 得矩形风管 Y 形对称燕尾合流三通的 $\zeta = 0.26$,旋流风口的 $\zeta = 2.50$,则 $\sum \zeta = 0.26 + 2.5 = 2.76$。

所以局部阻力 $\Delta P_j = \sum \zeta \times P_d = 2.76 \times 4.59 = 12.7$ Pa

⑤ 本管段的总阻力为 $\Delta P_y + \Delta P_j = 13.6$ Pa

其他各管段的水力计算方法同上,水力计算汇总于表 1-20。

4. 空调机组选型

选择组合式空调机组,设有静电净化器、高压喷雾加湿器、转轮热回收器(带旁通)等功能段,可根据不同工况实现不同运行模式,满足卫生、舒适、节能要求。

根据计算结果,选择空调机组,参数见表 1-21。

表 1-20 最不利水路环路阻力计算

管段OA	管长(m)	流量(m³/h)	流速当量直径(m)	风管宽(mm)	风管高(mm)	运动黏度(m²/s)	雷诺数	流速(m/s)	风管粗糙度(mm)	空气密度(kg/m³)	比摩阻(Pa/m)	沿程阻力(Pa)	ζ	局部阻力(Pa)	总阻力(Pa)
1	3.00	1 250	0.33	500	250	0.000 015 1	61 320	2.78	0.15	1.189	0.30	0.90	2.76	12.7	13.6
2	2.40	2 500	0.36	630	250	0.000 015 1	104 522	4.41	0.15	1.189	0.64	1.54	2.50	28.9	30.4
3	6.50	5 000	0.53	800	400	0.000 015 1	153 299	4.34	0.15	1.189	0.38	2.49	1.20	13.4	15.9
4	6.00	7 500	0.57	1 000	400	0.000 015 1	197 099	5.21	0.15	1.189	0.49	2.97	1.20	19.4	22.3
5	6.00	10 000	0.61	1 250	400	0.000 015 1	222 980	5.56	0.15	1.189	0.52	3.12	1.20	22.0	25.1
6	9.80	16 000	0.76	1 600	500	0.000 015 1	280 318	5.56	0.15	1.189	0.39	3.86	5.0	92.6	96.4
7	9.40	16 000	0.76	1 600	500	0.000 015 1	280 318	5.56	0.15	1.189	0.39	3.67	4.30	79.6	83.3
合计	—	—	—	—	—	—	—	—	—	—	—	18.55	—	268.6	287.0

表 1-21 空气处理机组选型

热回收新风机组型号规格

编号：HRU-1-1　　服务区域：报告厅

风机参数

	风量(CMH)	机外余压(Pa)	全压(Pa)	电机转速(rpm)	电机功率(kW)	电压(相-频率)	控制方式	风机效率	单位风量耗功率(Ws)
新风	16 000	300	850	1 030	11.0	380-3-50	变频控制	≥65%	0.15
排风	14 400	300	700	963	5.5	380-3-50	变频控制	≥65%	0.15

表冷器/加热器参数

	制冷(热)量(kW)	最大水压降(kPa)	进出水温度(℃)	热水流量(L/s)	进风干球温度(℃)	进风湿球温度(℃)	出风干球温度(℃)	出风湿球温度(℃)	最大风阻力(Pa)
表冷器	103.0	12.1	7/12	4.93	27.5	22.7	16.9	17.5	44
加热器	54.6	1.5	45/40	2.61	11.0	7.6	21.3	12.1	44

全热转轮参数

	夏季转轮前空气状态				夏季转轮后空气状态				冬季转轮前空气状态			冬季转轮后空气状态			
	干球温度(℃)	湿球温度(℃)	焓值(kJ/kg)	含湿量(g/kg)	干球温度(℃)	湿球温度(℃)	焓值(kJ/kg)	含湿量(g/kg)	干球温度(℃)	焓值(kJ/kg)	含湿量(g/kg)	干球温度(℃)	湿球温度(℃)	焓值(kJ/kg)	含湿量(g/kg)
新风	34.0	28.2	90.9	22.1	29	23.8	71.58	16.56	-4	-5.2	2.12	11.6	1.2	21.48	3.87
排风	25	20.2	58.4	13	32.2	25.9	80.17	18.62	18	11.5	5.84	32.9	2.67	12.47	3.90

全热效率		回收能量(kW)	
夏季	≥60%	夏季	110.8
冬季	≥60%	冬季	115.2

过滤器参数

过滤器形式	过滤器等级	初阻力(Pa)	终阻力(Pa)
板式	初效过滤器 G4	≤50	≤100
静电	中效过滤器 F7	≤25	≤50

加湿器参数

加湿器形式	加湿量(kg/h)
电加湿	夏季 5.79

噪声[dB(A)]：69

备注：自带控制箱，运行模式：全新风工况、旁通工况，空调工况（最小新风量25%）

1.3.5　空调水系统设计

一般舒适性空调冷水供/回水温度常用 6~8℃/12~14℃,热水供/回水温度常用 55~65℃/45~55℃,冷水供回水温差取 5℃,热水供回水温差取 10℃。

同风系统设计任务类似,水系统的设计任务也包含水管布置、水管尺寸的确定以及水泵选型。

本项目空调冷冻水供/回水温度为 7℃/12℃,热水进/出水温度为 40℃/45℃,空调水系统采用一次泵变流量系统,异程二管制。系统通过量度冷热水供/回温度及回水流量,计算空调实际冷热负荷,根据负荷大小确定风冷热泵运行台数,并保证机组运行在高效区。空调冷热水系统的定压和膨胀均采用落地式定压补水自动排气装置(气压罐定压方式)。

根据水量及水流速来选择合适的水管管径,空调水管布置应遵循减少阻力和不影响净高的原则,尽可能减少管路的阻力损失,实现水系统的高效运行。

空调水系统示意,如图 1-10 所示。

1. 水系统阻力计算

水系统阻力计算与风管阻力计算类似,因此仍根据 1.2.5 节内容进行水系统阻力计算。设计参数:供/回水温度 7℃/12℃,平均温度 9.5℃,当量绝对粗糙度 $K=0.20$ mm,密度 $\rho=999.960$ kg/m³。具体数据见表 1-22。

据表 1-22 可知,最不利环路总阻力为 27 mH₂O,不平衡率为 21%,大于 15%,在阻力富裕环路采用阀门调节,使系统满足阻力平衡的要求。

2. 冷热源设备选型

根据前文负荷计算结果,空调系统冷热源选用 2 台额定制冷量为 1 029 kW,额定制热量为 800 kW 的风冷热泵机组。冷冻水供/回水温度为 7℃/12℃,热水进/出水温度为 40℃/45℃。机组选型参数见表 1-23。

风冷热泵机组设置于屋顶平台,水泵房设置于地下一层。

3. 循环水泵选型

小型水系统,一般将冷水循环泵与热水循环泵共用,但应校核水泵是否满足冷/热水供应流量、扬程、台数的需求。冷源侧冷水泵的水量,一般对应冷水机组水量;用户侧冷水泵的水量一般通过冷负荷最大值计算得到。选型时应附加 5%~10% 的裕量。水泵的扬程应为最不利环路的阻力损失之和,选型时也应附加 5%~10% 的裕量。

本项目空调冷热水循环泵选型参数见表 1-24。其中,空调冷热水循环泵的耗电输冷(热)比(EC(H)R)计算见表 1-25。

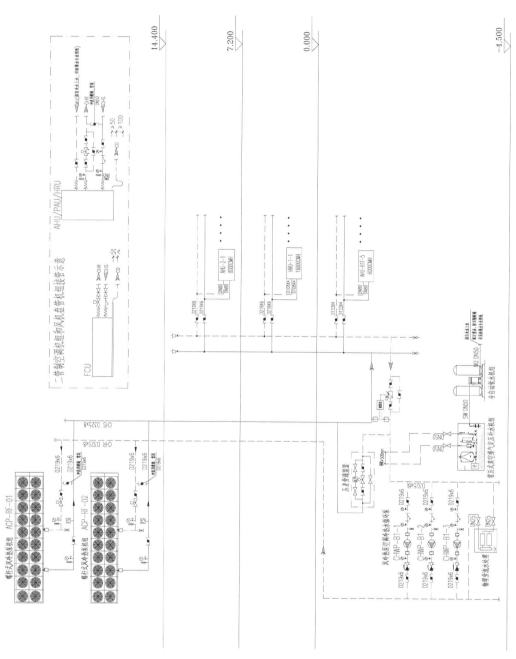

图 1-10　空调水系统

表 1-22 水系统阻力计算表

管号及设备	Q (kW)	G (kg/h)	L (m)	d (mm)	V (m/s)	R_e	λ	R (Pa/m)	ΔP_y (Pa)	$\sum \zeta$	ΔP_d (Pa)	ΔP_j (Pa)	ΔP (Pa)	总压力损失 (Pa)
水力计算表(室内镀锌钢管)(立管 L-A)														
最不利环路														
1	2 058	354 828	45.0	259	1.9	318 576	0.036 1	244	10 975	1.50	1 750	2 625	13 600	13 600
2	1 205	207 672	7.2	259	1.1	186 455	0.037 1	86	618	1.50	599	899	1 518	15 118
3	893	153 966	2.7	207	1.3	172 961	0.038 9	152	409	0.40	808	323	732	15 850
4	548	94 483	16.3	150	1.5	146 473	0.041 8	307	5 008	1.50	1 103	1 654	6 662	22 512
5	541	93 241	5.0	150	1.5	144 548	0.041 8	299	1 497	0.10	1 074	107	1 604	24 117
6	534	92 000	5.0	150	1.4	142 624	0.041 9	292	1 458	0.10	1 046	105	1 563	25 680
7	526	90 759	5.0	150	1.4	140 699	0.041 9	284	1 420	0.10	1 018	102	1 522	27 202
8	519	89 517	2.7	150	1.4	138 775	0.041 9	277	747	0.10	990	99	846	28 048
9	512	88 276	2.5	150	1.4	136 851	0.042 0	269	673	0.10	963	96	769	28 817
10	402	69 241	43.6	150	1.1	107 342	0.042 6	168	7 327	1.50	592	889	8 215	37 032
11	134	23 034	1.5	106	0.7	50 532	0.048 1	119	179	1.50	263	394	573	37 605
12	121	20 862	8.6	106	0.7	45 766	0.048 6	99	849	0.30	216	65	914	38 519
13	112	19 310	3.8	106	0.6	42 362	0.048 9	85	324	0.10	185	18	342	38 861
14	103	17 759	40.0	106	0.6	38 958	0.049 4	73	2 909	1.50	156	234	3 144	42 005
15	103	17 759	40.0	106	0.6	38 958	0.049 4	73	2 909	1.50	156	234	3 144	45 148
16	112	19 310	3.8	106	0.6	42 362	0.048 9	85	324	0.10	185	18	342	45 491
17	121	20 862	8.6	106	0.7	45 766	0.048 6	99	849	0.30	216	65	914	46 405
18	134	23 034	1.5	106	0.7	50 532	0.048 1	119	179	1.50	263	394	573	46 978
19	402	69 241	43.6	150	1.1	107 342	0.042 6	168	7 327	1.50	592	889	8 215	55 193
20	512	88 276	2.5	150	1.4	136 851	0.042 0	269	673	0.10	963	96	769	55 962
21	519	89 517	2.7	150	1.4	138 775	0.041 9	277	747	0.10	990	99	846	56 808
22	526	90 759	5.0	150	1.4	140 699	0.041 9	284	1 420	0.10	1 018	102	1 522	58 330
23	534	92 000	5.0	150	1.4	142 624	0.041 9	292	1 458	0.10	1 046	105	1 563	59 893
24	541	93 241	5.0	150	1.5	144 548	0.041 8	299	1 497	0.10	1 074	107	1 604	61 497

(续表)

水力计算表(室内镀锌钢管)(立管L-A)

管号及设备	Q (kW)	G (kg/h)	L (m)	d (mm)	V (m/s)	R_e	λ	R (Pa/m)	ΔP_y (Pa)	$\sum \zeta$	ΔP_d (Pa)	ΔP_j (Pa)	ΔP (Pa)	总压力损失 (Pa)
25	548	94 483	17.2	150	1.5	146 473	0.041 8	307	5 284	1.50	1 103	1 654	6 939	68 436
26	893	153 966	3.1	207	1.3	172 961	0.032 4	126	392	0.40	808	323	715	69 151
27	2 014	347 241	8.7	259	1.8	311 765	0.036 2	234	2 034	0.10	1 676	168	2 202	71 352
29	2 058	354 828	9.2	259	1.9	318 576	0.036 1	244	2 244	3.60	1 750	6 300	8 544	79 896
30	2 058	354 828	68.9	259	1.9	318 576	0.036 1	244	16 805	3.50	1 750	6 125	22 930	102 826
			345						78 535			24 290		
末端空调箱													40 000	142 826
水泵过滤器、阀门													50 000	192 826
风冷热泵													78 000	

$$\sum (\Delta P_y + \Delta P_j)_{1 \sim 20} = 270\ 826 \text{ Pa}$$

最有利环路

	Q (kW)	G (kg/h)	L (m)	d (mm)	V (m/s)	R_e	λ	R (Pa/m)	ΔP_y (Pa)	$\sum \zeta$	ΔP_d (Pa)	ΔP_j (Pa)	ΔP (Pa)	总压力损失 (Pa)
1	2 058	354 828	45.0	259	1.9	318 576	0.036 1	244	10 975	1.50	1 750	2 625	13 600	13 600
2	1 205	207 672	7.2	259	1.1	186 455	0.037 1	86	618	0.20	599	120	738	14 339
3	312	53 707	7.2	207	0.4	60 333	0.042 6	20	145	1.60	98	157	303	14 641
4	312	53 707	7.4	125	1.2	99 912	0.044 3	262	1 937	2.10	739	1 552	3 489	18 130
5	248	42 776	6.3	125	1.0	79 576	0.045 0	169	1 069	1.50	469	703	1 772	19 903
6	7	1 241	2.7	36	0.3	8 019	0.071 1	113	301	0.70	57	40	341	20 244
7	7	1 241	3.1	36	0.3	8 019	0.071 1	113	353	0.70	57	40	393	20 637
8	248	42 776	7.9	125	1.0	79 576	0.045 0	169	1 329	1.50	469	703	2 032	22 669
9	312	53 707	4.7	125	1.2	99 912	0.044 3	262	1 230	1.50	739	1 108	2 339	25 008
10	2 058	354 828	9.2	259	1.9	318 576	0.036 1	244	2 244	3.60	1 750	6 300	8 544	33 552
11	2 058	354 828	68.9	259	1.9	318 576	0.036 1	244	16 805	3.50	1 750	6 125	22 930	56 482
末端风机盘管									37 008		19 474	30 000		86 482
水泵过滤器、阀门													50 000	136 482
风冷热泵													78 000	

与上一个环路并联 $\sum (\Delta P_y + \Delta P_j)_{1 \sim 20} = 214\ 482$

cs2 环路阻力损失：214 482 Pa	不平衡率＝21%＞15%
cs1 环路阻力损失：270 826 Pa	

表 1-23 风冷热泵机组参数表

设备编号	类型	参考型号	制冷工质	制冷量(kW)	蒸发器 水量(m³/h)	进水温度(℃)	出水温度(℃)	最大水压降(kPa)	工作压力(MPa)	污垢系数(m²·K/kW)	制热量(kW)	压缩机 电源(V-0-Hz)	输入功率(kW)	能效比(W/W)	机组噪声[dB(A)]	运行重量(kg)	机组尺寸 mm×mm×mm	减振方式	数量	备注
ACP-RF-1~2	风冷热泵机组	MHS291ST3-FBA	R134a	1029	177	12	7	78	1.0	0.018	800	380-3-50	284.5	3.60	≤61	9690	9960×2260×2460	弹簧减振器(厂家配套)	2	自带电脑控制器

注:制热量根据制冷机组冬季室外温度修正

表 1-24 冷热水循环泵参数表

设备编号	类型	功能	介质	最高介质温度(℃)	流量(T/h)	扬程(mH₂O)	泵体工作压力(MPa)	转速(rpm)	电源 V-0-Hz	电机功率(kW)	输送能效比 ECR	EHR	工作效率	控制方式	减振方式	轴封方式	数量	备注
CHWP-BJ-1~3	端吸离心泵	空调冷热水循环泵	H₂O	60	195	30	1.0	1450	380-3-50	30	0.022<0.0262	0.016<0.0168	80%	变频(自带控制器)	弹簧隔振	机械	3	两用一备(带减振台座)

表 1-25 冷热水循环泵耗电冷热比计算

ECR(EHR)	冷热水循环泵设计流量 G(m³/h)	冷热水循环泵设计扬程 H(m)	冷热水循环泵在设计工作点效率	A	B	计算系数	L(m)	温差(℃)
冷水	0.0220	195	30	80%	0.003858	28	0.02	300	5
结果	ECR=0.0220<0.0262							
热水	0.0160	152	28	80%	0.003858	21	0.0024	300	5
结果	EHR=0.0160<0.0168							

ECR(EHR)	计算值	A	B	计算系数	L(m)	温差(℃)
冷水	0.0220	0.003858	28	0.02	300	5
结果	ECR=0.0220<0.0262					
热水	0.0160	0.003858	21	0.0024	300	5
结果	EHR=0.0160<0.0168					

注:本计算表计算公式依据《民用建筑供暖通风与空气调节设计规范》(GB50736—2012)的 8.5.12 及对应规定取值。

思 考 题

1. 试论述空调系统的分类及具体适用性。
2. 试论述直流式、封闭式和混合式系统的优缺点。
3. 试阐述空调系统的设计流程。
4. 空调系统方案选择时需考虑哪些因素?
5. 常用的风管水力计算方法有哪些?
6. 冷负荷计算主要包含哪些内容? 常用的冷负荷计算方法有哪些?
7. 夏季送风若不采用露点送风,会有哪些因素导致送风温度过低?
8. 空调风系统设计的基本任务是什么?
9. 空调水系统的设计包含哪些步骤?
10. 如何进行冷热源设备型号的选择?
11. 如何选择循环水泵型号?

项目二

风机盘管＋新风系统设计

设计要点：

- ◆ 冷热负荷估算方法
- ◆ 新风量的确定
- ◆ 风机盘管及新风机组的选择
- ◆ 室内回风＋室外新风的处理
- ◆ 风机盘管水系统设计
- ◆ 新风系统设计

2.1 工 作 任 务

2.1.1 工程概况

本项目的设计对象为位于山西省的一个酒店,该酒店总建筑面积为 96 759.4 m²,其中地上建筑面积为 48 330.9 m²,地下建筑面积为 48 428.5 m²。地上为 25 层,地下为 2 层,建筑总高度 99.8 m。地下两层的层高分别为 5.8 m、4 m。主楼 1~7 层为酒店附属区,8~25 层及裙楼为酒店区。其中,酒店区面积为 73 027.4 m²(含车库),酒店附属面积为 23 732.0 m²(含车库)。

现需根据该酒店各区域的建筑平面布置、功能,结合建设单位提供的设计任务书的要求,配置合适的暖通空调系统,以满足各区域的空气调节需求。

2.1.2 任务分析

风机盘管+新风系统应用最为成熟,投资和运行费用相对较低,使用时间灵活。风机盘管适合多房间空调,各室允许不同的热舒适要求,可自主设定室内温度值,广泛用于酒店客房等场所。该系统主要包含风机盘管水系统和室外新风系统,本项目将围绕着这两个系统完成设计任务。具体设计步骤及内容见表 2-1。

表 2-1 任务分析

任务步骤	具体内容
参数选取	选取空调室内外计算参数;围护结构热工计算等
空调负荷计算	计算空调负荷
新风系统设计	新风量计算、新风机组的选择
水系统设计	水环路布置、设备选择

2.2 知 识 模 块

2.2.1 负荷估算

在空调设计中,一般应根据项目一中的 1.2.3 计算空调负荷,但当条件不具备时,可使用简约计算法或单位面积负荷指标估算法来计算冷热负荷。

1. 冷负荷的简约计算

总空调冷负荷的简约计算涉及外围护结构和室内人员两部分,即将外围护结构引起的总冷负荷(Q_W)与人体散热(按每人 116.5 W 计算)的和乘以新风负荷系数 1.5,见式(2-1)及式(2-2)。

$$Q_W = \sum F_i K_i \left[(t_{wl} + t_d) - t_{N_x} \right] \tag{2-1}$$

$$Q = (Q_W + 116.5n) \times 1.5 \tag{2-2}$$

式中:Q ——空调系统总冷负荷(W);

Q_W ——外围护结构引起的总冷负荷(W);

n ——建筑内总人数;

F_i ——外墙或屋顶的传热面积(m²);

K_i ——外墙或屋顶的传热系数[W/(m²·℃)];

t_{wl} ——以北京地区气象条件为依据计算出的外墙和屋顶冷负荷计算温度逐时值(℃);

t_d ——地点修正值(℃);

t_{N_x} ——夏季空调室内计算温度(℃)。

2. 热负荷的简约计算

当已知外墙面积、窗墙比及建筑面积时,空调系统冬季热负荷指标可使用窗墙比法,按式(2-3)估算。

$$q = 1.163\alpha \cdot \frac{(6\beta + 1.5)A}{F} \cdot (t_{N_d} - t_{W_d}) \tag{2-3}$$

式中:q ——空调热负荷指标(W/m²);

α ——新风系数,取值范围为 1.3~1.5;

β ——外窗与外墙(包括窗)的面积之比;

A ——外墙总面积(m²);

F ——总建筑面积(m²);

t_{N_d} ——冬季空调室内计算温度(℃);

t_{W_d} ——冬季空调室外计算温度(℃)。

3. 单位面积负荷指标法

根据现有的一些工程单位面积负荷指标,结合建筑面积计算总的冷/热负荷,即总冷/热负荷＝单位面积冷/热负荷指标×建筑面积。部分公共建筑空调单位面积负荷指标参考值见表 2-2。

表 2-2 部分公共建筑空调单位面积负荷指标

建筑类型	冷负荷(W/m²)	热负荷(W/m²)	建筑类型	冷负荷(W/m²)	热负荷(W/m²)
办公楼	95~115	60~80	商店	210~240	65~90
旅馆	70~95	50~80	剧场	230~350	95~115
餐厅	290~350	115~140	体育馆	240~280	110~160

2.2.2　风机盘管的选择

在空调工程中,风机盘管机组大多是与已处理过的新风系统结合应用。风机盘管由盘管(一般是 2～3 排)和风机(前向多翼离心风机或贯流式风机)组成,其风量在 250～2 500 m³/h 范围内。风机盘管的类型、特点和适用范围见表 2-3。

表 2-3　风机盘管的类型、特点和适用范围

分类方式	风机盘管形式	特点	适用范围
按风机盘管的风机类型	离心式风机	前向多翼型,效率较高,每台机组的风机单独控制;采用单台电容调速低噪声电动机,调节电动机输入电压改变风机转速,有高、中、低三档风量变化	宾馆客房、办公楼等
	贯流式风机	前向多翼型,端面封闭,全压系数较大,效率较低($\eta = 30\% \sim 50\%$);进、出风口易与建筑装修相配合;调节方法与离心式风机相同	配合建筑布置时用
按风机盘管的结构形式	立式	暗装可安装在窗台下,出风口向上或向前;明装可设在地面上,出风口向上、向前或向斜上方,可省去吊顶	要求地面安装、全玻璃结构的建筑物、一些公共场所及工业建筑。条件许可时,冬季可停开风机作散热器用
	卧式	节省建筑面积,可与室内建筑装饰布置相协调,须用于吊顶与管道间	宾馆客房、办公楼、商业建筑等
	立柱式	占地面积小;安装、维修、管理方便;冬季可靠机组自然对流散热;造价较贵	宾馆客房、医院等。冬季停开风机时可作散热器用
	顶棚式	节省建筑面积,可与室内建筑装饰相协调;维护不方便	办公室、商业建筑等
按风机盘管的安装形式	明装	维护方便;卧式明装机组吊在顶棚下,可作为建筑装饰品;立式明装安装简便,但不美观,可加装饰面板,成为立式半明装	卧式明装用于宾馆客房、酒吧、商业建筑等要求美观的场合;立式明装用于旧建筑改造或要求省投资、施工快的场合
	暗装	维护复杂;卧式机组暗装在顶棚内,送风口在前部,回风口在下部或后部;立式机组暗装在窗台下,较美观,占地少	要求整齐美观的房间

2.2.3　新风量的确定

在系统设计时,系统的新风量需满足最小新风量要求,以改善室内空气品质,满足人员要求。对于单一房间,其最小新风量需满足如下三个要求。

(1) 人员对空气品质的要求。可参考项目一 1.2.2 关于室内人员最小新风量需求规定。

(2) 补充排风的需求。若室内有燃烧消耗空气或局部排风,则应满足其风量要求。

(3) 保证空调房间正压要求。舒适性空调一般采取 5 Pa 正压值,当维持 10 Pa 正压值

时,一般可按照每小时约 $1\sim1.5$ 次换气来计算。

最终,单一房间的最小新风量取上述(1)的值、(2)与(3)的值之和,两者中的较大值。

多房间新风机组的新风量等于该新风机组管辖的所有房间的新风量之和,并考虑 1.1 倍的漏风系数。

2.2.4 新风十回风的处理

在风机盘管加新风空调系统中,新风在大多数情况下会经过冷、热处理。新风系统的处理方式多样,归纳主要有以下三种方式。

(1)新风处理到室内状态的等焓线,即新风不承担室内冷负荷。此时,为处理新风提供的冷水温度为 $12.5\sim14.5℃$,可用风机盘管的出水作为新风机组的进水。该方式易于实现,但是风机盘管为湿工况运行。

(2)新风处理到室内状态的等湿线,风机盘管仅负担一部分室内冷负荷,新风除了负担自身冷负荷外,还负担部分室内冷负荷,为处理新风提供的冷水温度为 $7\sim9℃$。

(3)新风处理到低于室内含湿量的工况点,此时新风不仅负担新风冷负荷,还负担部分室内显热冷负荷和全部潜热冷负荷。风机盘管可实现干工况运行。

而即使在同样的新风处理方式下,若采用的新风送风方式不同,则空气处理过程也不相同。为了分析方便,可让风机盘管承担室内冷热负荷,新风只承担新风本身的负荷。以下针对三种送风方式进行分析。

(1)新风空调系统与风机盘管送风分别送入房间。

夏季处理过程如图 2-1 所示,新风由新风机组室外状态点 W 处理到沿室内状态点 N 的等焓线的露点 L_1,送入空调房间;而风机盘管机组把室内状态点 N 处理到机组出风状态点 L_2,状态点 L_2 的空气进入空调房间后根据室内热湿比线变到状态点 N_1;在空调房间中,状态点 L_1 的新风与状态点 N_1 的空气混合到室内设计状态点 N。

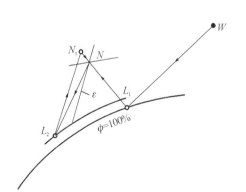

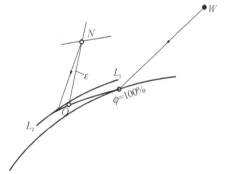

图 2-1 新风空调系统与风机盘管送风
分别送入房间空气处理过程

图 2-2 新风空调系统与风机盘管送风混合
后送入房间空气处理过程

(2)新风空调系统与风机盘管送风混合后送入房间。

夏季处理过程如图 2-2 所示,新风由新风机组从室外状态点 W 处理到室内状态点 N 的等焓线的露点 L_1,室内空气由风机盘管处理到 L_2 点,将状态点 L_1 的新风与状态点 L_2 的风机盘管送风混合到房间送风状态点 O(室内热湿比线上),最终使得房间空气参数保持在设计状态点 N。

(3) 新风空调系统与风机盘管回风混合后送入房间。

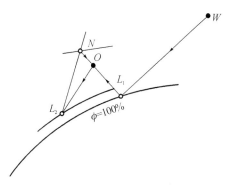

图 2-3 新风空调系统与风机盘管回风混合后送入房间空气处理过程

夏季处理过程如图 2-3 所示,新风由新风机组从室外状态点 W 处理到室内状态 N 等焓线的新风机组的机器露点 L_1,再与室内空气混合到状态点 O,经风机盘管处理到送风状态点 L_2,使室内空气保持在设计状态 N。

2.2.5 水系统的确定

风机盘管的水系统一般采用两管制系统,只有对室内条件要求较高时,才采用四管制系统。水系统最好布置为同程,最高点设排气装置,若夏季处于湿工况,则还需要布置冷凝水管路以排除风机盘管冷凝水。两管制、三管制以及四管制水系统特点及适用范围见表 2-4。

表 2-4 两管制、三管制及四管制水系统

水系统	特点	适用范围
两管制	供、回水管各一根,夏季供冷水,冬季供热水;简便、省投资;冷热水量相差较大	全年运行的仅要求按季节进行冷却或加热转换的空调系统;目前用得最多
三管制	盘管进口处设三通阀,由室内温度控制装置控制,按需要供应热水或冷水;使用同一根回水管,存在冷热量混合损失;初投资较高	全年运行的空调系统,且建筑物内负荷差别很大的场合;过渡季节有些房间要求供冷,有些房间要求供热的场合;目前较少使用
四管制	占空间大;比三管制运行费用低;在三管制基础上加回水管或采用冷却、加热两组盘管;供水系统完全独立;初投资高	全年运行空调系统,建筑物内负荷差别很大的场合;过渡季节有些房间要求供冷,有些房间要求供热的场合;冷却和加热工况交替频繁的场合

2.3　任 务 实 施

本项目中办公室和客房等小空间均采用风机盘管＋新风系统,其中客房部分空调水系统采用四管制竖向同程、水平异程系统。

2.3.1 参数选取

本项目设计对象位于山西省,室外气象参数见表 2-5,室内设计参数见表 2-6,通风换气次数见表 2-7,围护结构热工参数见表 2-8。

表 2-5　室外气象参数

季节	大气压(hPa)	空调计算干球温度(℃)	空调计算湿球温度(℃)	相对湿度	通风计算干球温度(℃)	风速(m/s)
夏季	918.5	31.6	23.8	—	27.8	2.1
冬季	934.7	−12.7	—	46%	−8.8	1.8

表 2-6　室内设计参数

房间名称	夏季		冬季		人员密度	每人新风量(m³/h)	允许噪声[dB(A)]
	温度(℃)	相对湿度	温度(℃)	相对湿度			
客房	24	50%	22	50%	2人/间	100	35
办公室	25	50%	20	50%	0.2人/m²	30	40
门厅大堂	25	50%	20	50%	0.2人/m²	10	45
康乐设施	25	50%	20	50%	0.2人/m²	30	45
餐厅、宴会厅	25	50%	20	50%	0.5人/m²	25	45
室内游泳池	27	70%	27	70%	0.2人/m²	30	45
会议室	25	50%	20	50%	0.5人/m²	30	40

表 2-7　通风换气次数

房间	换气次数(次/h)	房间	换气次数(次/h)
库房	4	浴厕	15
水泵房	4	冷冻机房	12
地下车库	6	锅炉房	12(排风兼事故通风,进风加燃烧空气量)
厨房	45(预留)	污水泵房	15
日用油箱间	5	隔油池间	20

注:柴油发电机房和变配电室通风量按工艺要求计算。

表 2-8　围护结构热工参数表

建筑单体	土建传热系数 K[W/(m²·K)]					外窗					体形系数
	与采暖房间分隔		与非采暖房间/楼梯间			窗墙比				外窗传热系数[W/(m²·K)]	
	外墙	屋顶	架空/外挑楼板	隔墙	楼板	东	南	西	北	东、南、西、北	
新城 B-5 号地块 B-03-02 酒店项目	0.57	0.53	0.58	1.01	1.44	0.27	0.33	0.24	0.31	1.8	0.13

2.3.2　空调负荷计算

以楼层 8 为例(图 2-4),进行不同房间逐时建筑冷负荷、热负荷计算,选取最大值得到房间空调冷负荷、热负荷,结果见表 2-9。

空调工程案例设计

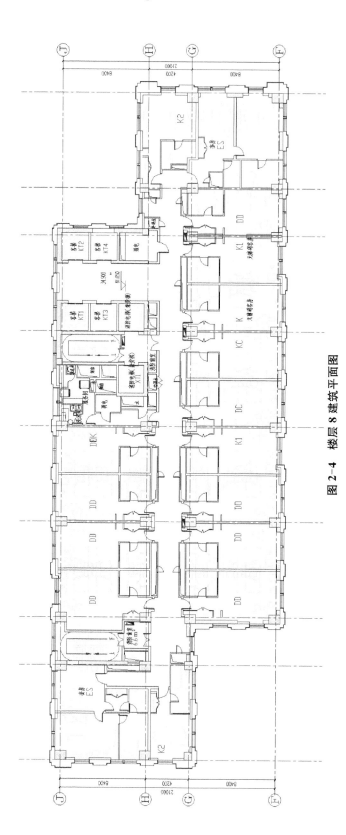

图 2-4　楼层 8 建筑平面图

表 2-9　楼层 8 负荷计算结果

分类	面积 (m²)	夏季总冷负荷 (含新风)(全热)(W)	夏季室内冷负荷 (全热)(W)	夏季总湿负荷 (含新风)(kg/h)	夏季新风量 (m³/h)	夏季总冷负荷指标 (含新风)(W/m²)	冬季总热负荷 (含新风/全热)(W)	冬季总热负荷指标 (含新风)(W/m²)
楼层 8	945	93 635	65 955	29.09	3 670	99	91 092	96
8001[套房西]	126	17 071	13 534	3.50	441	135	14 277	113
8002[套房东]	126	16 376	12 839	3.50	441	130	14 277	113
8003[走道]	145	14 827	9 608	6.89	870	102	14 723	102
8004[客房北]	181	14 731	9 650	5.02	634	81	16 635	92
8005[客房西南]	39	7 280	6 185	1.08	137	187	4 704	121
8006[客房南]	328	29 165	19 956	9.10	1 148	89	26 475	81

44

各区域的空调冷、热负荷及冷、热耗指标见表 2-10。

表 2-10　总冷/热负荷及冷/热耗指标

区域名称	建筑面积(m²)	冷负荷(kW)	热负荷(kW)	冷耗指标(kW/m²)	热耗指标(kW/m²)
酒店客房	73 027.4	4 100.0	4 636.9	0.056 1	0.063 5
酒店附属办公区	23 732.0	1 580.0	1 090.4	0.066 6	0.046 0

2.3.3　空调风系统设计

本项目采用风机盘管加独立新风系统(缝隙排风)方案,新风不承担室内冷负荷,即把新风处理到室内空气的焓值,新风和室内风机盘管处理过的回风混合后送入室内,焓湿图上的处理过程如图 2-5 所示。

室外空气(W 点)进入新风机组,并被机组处理到与室内焓值相同的状态(L 点);室内回风(N 点)经风机盘管处理到 M 点,然后二者混合(O 点)送入室内。

参考《公共建筑节能设计标准》(GB 50189—2015),舒适性空调对于精度要求不高,一般不受送风温差的限制,应适当地加大送风温差,当送风口高度小于或等于 5 m 时,送风温差不宜小于 5℃。本设计过 N 点作 ε 线按最大送风温差与 $\varphi=90\%$ 线相交,即得送风点 O。

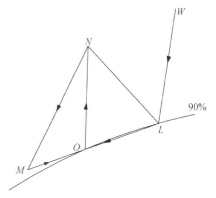

图 2-5　空气处理过程

新风机组承担把新风从 W 点处理到 L 点,而风机盘管承担室内回风从 N 点处理到 M 点的任务,风机盘管和新风机组选型如下。

1. 新风机组选型

(1) 各层新风机组风量计算

新风机组风量等于该新风机组管辖的所有房间新风量之和乘以 1.1 倍的漏风系数,即 $G_W=(G_{W1}+G_{W2}+\cdots+G_{走道})\times 1.1$。

(2) 各层新风机组冷量计算

新风机组的冷量等于该层新风机组风量 G_W 乘以室外状态点与该新风机组机器露点的焓差,即新风机组冷量＝$G_W\times(i_W-i_L)$。

(3) 新风机组选型

根据各层的风量和冷量,选择新风机组,走道部分采用四管制的新风处理机组,设备参数见表 2-11。

客房部分采用集中的新风系统,且每间客房的卫生间均有排风的需求。考虑客房同时有新风、排风需求,且新风总量较大,因此设置空气热回收以实现节能运行;同时考虑到排风通道与新风通道互不影响,因此采用热管热回收装置以回收显热。客房采用带显热回收的四管制新风机组,设备参数见表 2-12。

表 2-11　走道新风机组参数

编号	名称	服务区域	制冷(热)量(kW)
PAU-SF-01 PAU-RF-01	新风空调机	8~25层包房	

表冷器/加热器参数

工况	制冷(热)量(kW)	进/出水温度(℃)	冷/热水流量(m³/h)	进风干球温度(℃)	进风湿球温度(℃)	出风干球温度(℃)	出风湿球温度(℃)
表冷器	30	7/13	4.3	30.8	23.5	18.4	17.9
加热器	90	60/45	7.7	-13.6	-14.7	26	17.0

送风机参数

送风量(m³/h)	机外余压(Pa)	输入功率(kW)	电源(V/ph/Hz)	单位风量耗功率[W/(m³/h)]	风机总效率	噪声[dB(A)]	减振方式	数量(台)
6 000	400	4.0	380/3/50	0.20	65%	≤60	弹簧减振	2

加湿器参数

形式	加湿量(kg/h)
湿膜二次汽化	45

表 2-12　客房新风显热回收机组

四管制显热回收机组

设备编号	参考型号	新风量(CMH)	排风量(CMH)	制冷/热量(kW)	电机功率(送风、排风)(kW)	机外静压(送风、排风)(Pa)	显热回收效率(冬、夏)	电源(V/Ph/Hz)	噪声[dB(A)]	重量(kg)	参考尺寸(长×宽×高)(mm×mm×mm)	台数	备注
EEX-SF-1~2 EEX-RF-1~2	BCFP-8500-L	8 500	8 500	60/130	3×2	350	>63%	380/3/50	63	1 080	3 000×2 300×1 500	4	自带控制柜

新风机组均置于设备层或者屋面,新风通过立管供给到各个房间或走道,为平衡风量,各房间的新风支管上均安装定风量阀。新风系统局部平面布置如图2-6所示。

2. 风机盘管选型

（1）风机盘管的选择

选择风机盘管时,须根据不同的新风供给方式来计算冷热负荷。当单独设置独立新风系统时,若新风参数与室内参数相同,则可不计新风的冷热负荷;若新风参数夏季低于室内、冬季高于室内,则机组须扣除新风承担的负荷。若依靠渗透或墙洞引入新风,则应计入新风负荷。本项目中风机盘管不承担新风负荷,仅承担室内部分冷负荷。

由于盘管用久后管内积垢,管外积尘,影响传热效果,冷热负荷须按表2-13进行修正。

表2-13 风机盘管冷热负荷修正系数

盘管使用条件	仅用于冷却干燥	仅用于加热升温	冷却、加热两用
修正系数	1.1	1.15	1.2

根据室内装修要求,本项目选用侧送风、底回风的风机盘管,其规格参数见表2-14。

表2-14 风机盘管型号规格

设备编号	风机盘管型号（卧式暗藏四管制）	风量(m³/h)	余压(Pa)	供冷量(W)	供热量(W)	水阻力(kPa)	输入功率(W)	噪声[dB(A)]	回风口尺寸(mm)	台数	送风口尺寸(mm)	备注
FCU11	FP-85	850	30	4 500	3 600	≤30	87	41	1 000×300	280	1 200×120	带回风箱过滤网
FCU12	FP-85	850	30	4 500	3 600	≤30	87	41	1 200×120	52	1 200×120	带回风箱过滤网
FCU13	FP-102	1 020	30	5 400	4 320	≤40	108	43	1 000×300	2	1 200×120	带回风箱过滤网
FCU14	FP-136	1 360	30	7 200	5 760	≤40	156	44	1 400×300	1	1 500×120	带回风箱过滤网

根据负荷计算结果,依据表2-14选择风机盘管。

楼层8局部放大平面图如图2-7所示。

（2）风机盘管的调节方法

为了适应房间负荷变化,可采用表2-15所示方法进行调节。

表2-15 风机盘管的调节方法

调节方法	特 点	适用范围
风量调节	通过三速开关调节电机输入电压,以调节风机转速,调节风机盘管的冷热量;简单方便;节省初投资;随着风量的减小,室内气流分布不理想;选择时宜按中挡转速的风量与冷量选用	用于要求不太高的场所;目前国内用得最广泛
水量调节	通过温度敏感元件、调节器和装在水管上的小型电动直通或三通阀自动调节水量或水温;初投资高	用于要求较高的场所
旁通风门调节	通过敏感元件、调节器和盘管旁通风门自动调节旁通空气混合比;调节负荷范围大(20%～100%);初投资较高;调节质量好;送风含湿量变化不大;室内相对湿度稳定;总风量不变,气流分布均匀;风机功率并不降低	用于要求高的场所,可使室温波动范围达到±1℃,相对湿度为40%～45%;目前国内用得不多

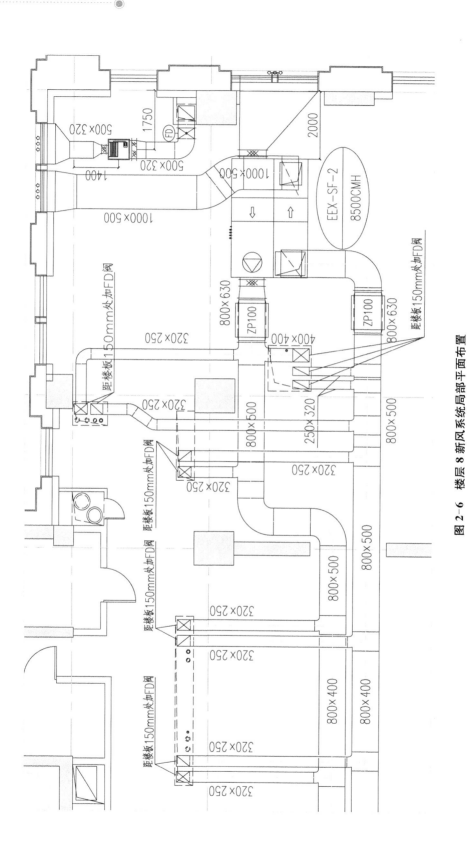

图 2-6　楼层 8 新风系统局部平面布置

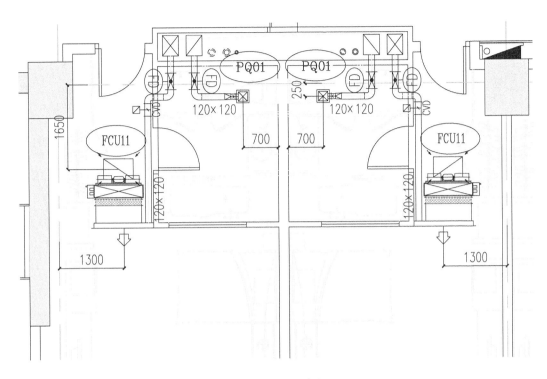

图 2-7   楼层 8 局部放大平面图

本项目采用水量调节的方法,风机盘管均配室内恒温器,以控制风机盘管回水管上的电动直通阀,调整流经风机盘管的水量变化,以维持室内温度恒定。新风机组的控制调节与之类似,根据出风温度,调节机组回水管上的电动调节阀,以维持出风温度不变。

2.3.4 空调水系统设计

本项目中办公室和客房等小空间均采用风机盘管＋新风系统,客房部分空调水系统采用四管制竖向同程、水平异程系统。冷冻水供/回水设计温度为 $7℃/13℃$,热水供/回水温度为 $60℃/45℃$,空调冷热水采用一级泵变流量系统,空调冷热水系统采用机房落地闭式膨胀水箱定压、补水。

末端新风机组通过在末端设计动态压差平衡阀和电动调节阀进行温度调节和水力调节,末端风机盘管环路上设置动态压差平衡阀进行水力调节,风机盘管入口设置温控开关式电动直通阀。

根据平面布置绘制空调水系统流程图,本项目的空调水系统采用四管制竖向同程、水平异程系统,平面局部放大如图 2-8 所示。

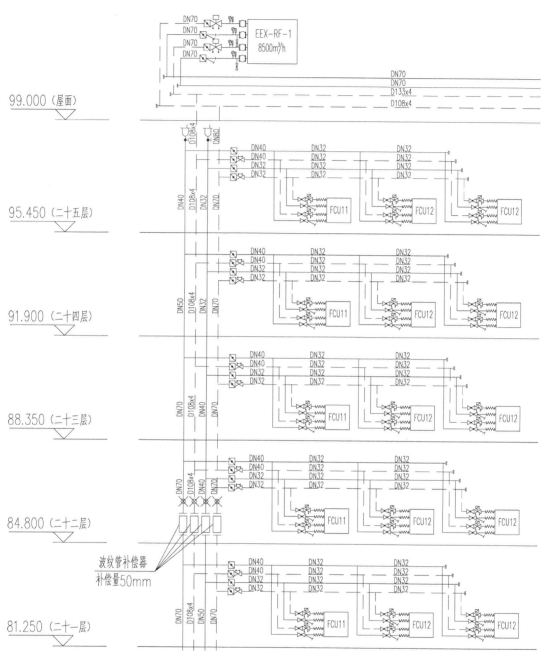

图 2-8　平面局部放大图

思　考　题

1. 风机盘管的选择主要考虑哪些因素?

2. 风机盘管的适用场所有哪些?

3. 单一房间最小新风量如何确定？ 多房间的新风量如何确定？

4. 风机盘管＋新风系统新风的处理方式有哪些？

5. 新风的引入方式有哪些？

6. 列举两种常见的风机盘管的水系统形式，并分析其特点及适用场合。

7. 风机盘管如何选型？

8. 新风机组如何选型？

项目三

变风量空调系统设计

设计要点：

- ◆ 空调内外分区
- ◆ 变风量末端装置选择
- ◆ 变风量空气处理
- ◆ 变风量空调风系统设计

3.1　工　作　任　务

3.1.1　工程概况

本项目设计对象为商业写字楼,位于北京市二环内,地上 10 层,地下 4 层;现浇钢筋混凝土框架剪力结构,钢筋混凝土筏板基础;建筑高度 45 m;总建筑面积 25 992 m²。

图 3-1 为标准办公层的平面图,主要技术参数如下:

(1)建筑面积 979.7 m²,层高 4.2 m;

(2)外墙:混凝土压顶板 30 mm—EPS 挤塑板—防水层—水泥砂浆找平 20 mm—水泥炉

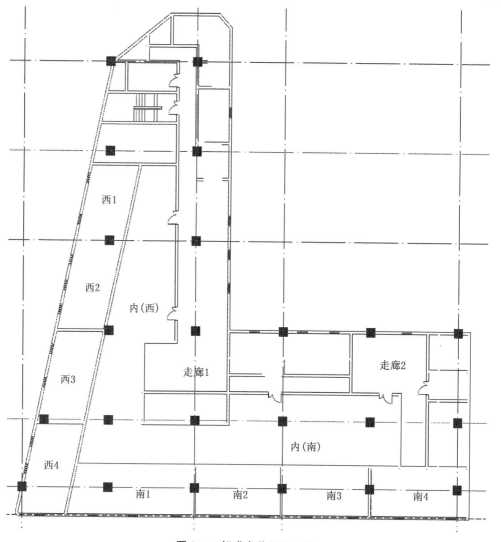

图 3-1　标准办公层平面图

渣找坡 100 mm—钢筋混凝土 120 mm—水泥砂浆 25 mm;传热系数 $K = 1.7$ W/(m² • K);

（3）外窗/玻璃幕墙：（6 mm+9 mm）Low-E 玻璃,铝框,双层玻璃;太阳能得热系数 SHGC=0.3;传热系数 $K = 2.7$ W/(m² • K)。

该写字楼内区需全年供冷,外区夏季需供冷、冬季需供热。

3.1.2　任务分析

按使用方式分,写字楼可分为自用写字楼和出租写字楼两种。自用写字楼的空调系统可采用统一设备与系统,但出租写字楼的空调系统必须考虑到系统分区、使用时间、计量和租金等诸多因素。

按用途分,写字楼可分为专用写字楼和综合写字楼两种。综合写字楼除了单一的办公业务之外,还包括餐饮、居住、购物、娱乐等多种功能,因此,相应的空调系统要考虑不同功能的分区、运行时间上的差异以及安全等因素。

写字楼按规模可分为大、中、小三类:建筑面积小于 6 000 m² 的为小型写字楼,一般可采用全分散式空调系统;建筑面积在 6 000~20 000 m² 的为中型写字楼,可采用集中或半集中式空调系统;建筑面积大于 20 000 m² 的为大型写字楼,其空调系统设计应考虑能源的合理利用问题,如写字楼分内外区,内区全年需供冷,而外区夏季需供暖、冬季需供热。本项目的设计对象属于大型写字楼建筑。

本项目采用变风量空调系统,该类系统可根据室内空气的参数调节送风量,合理分配各个区域的负荷,确保办公环境的舒适性的同时又节省能源。变风量空调系统优点具体包括：区域空气温度可控;空气过滤等级高,空气品质好;部分负荷时风机可变频调速节能、去湿能力强,室内空气相对湿度低;可通过变新风比实现新风自然冷却节能,运行经济;适合于建筑物的改建和扩建。但也存在温湿度波动范围较大、初投资高、设计及运行管理复杂等问题。因此,温湿度允许波动范围要求严格的空调区,不宜采用变风量空调系统;噪声标准要求较高的空调区,不宜采用风机动力型末端装置的变风量空调系统。

大型写字楼具有典型的内外区,内外区分别配置空调机组,内区全年供冷,外区夏季供冷、冬季供暖,外区负荷变化大、部分负荷运行时间较长,因此选择带末端装置的变风量空调系统。

本项目设计变风量空调系统的任务实施步骤及内容见表 3-1。

表 3-1　任务分析

任务步骤	具体内容
参数选取	选取空调室内外计算参数
空调负荷计算	计算空调负荷
装置选型	变风量末端装置选型
空气处理过程	变风量空气处理过程
风系统设计	末端选型、风管设计

3.2 知 识 模 块

3.2.1 空调内外分区

对于变风量空调系统而言,其内外分区设计与常规空调系统不同。变风量空调系统设计的基本思路是对各种负荷分别处理。对于同一个建筑,各区域由于围护结构构造、朝向和使用时间上的差异,会产生不同的瞬时建筑负荷,各区域功能及使用情况的差异也会造成不同的内热负荷。在负荷分析基础上,根据空调负荷差异性,合理地将整个空调区域划分成若干个温度控制区,称为空调分区。分区的目的在于使空调系统有效地跟踪负荷变化,改善室内热环境和降低空调能耗。

空调最基本的分区是内区(内部区)和外区(周边区)。外区的定义:直接受建筑物外围护结构日射得热、温差传热、辐射换热和空气渗透影响的区域。外区夏季有冷负荷,冬季一般有热负荷。内区的定义:与建筑物外围护结构有一定距离,具有相对稳定的边界温度条件的区域。内区全年仅有内热冷负荷,且随区域内照明、设备和人员散热量的状况而变化,通常全年都需要供冷。图 3-2 为三种平面分区示例。

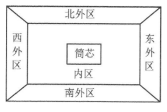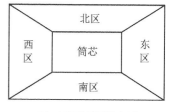

(a) 大型建筑 4 个外区＋内区　　　　(b) 大型建筑 3 个外区＋内区　　　　(c) 小型建筑不设内区

图 3-2　平面分区示意

参考《变风量空调系统工程技术规程》(JGJ 343—2014),空调内外区应根据建筑物用途、使用特点、围护结构热工性能以及当地气候条件等因素划分。工程中,内外区划分应以建筑平面功能和空调负荷分析为基础,一般原则如下:

(1) 外区进深一般可取 2～5 m,围护结构性能优良时取 2 m,围护结构性能一般时取 5 m。进深线外侧为外区,内侧为内区;

(2) 房间进深小于 8 m 时,可不分内、外区,均作外区处理;

(3) 采用通风窗、双层通风幕墙等新型外围护结构的空调区域,在非严寒地区由于外围护结构冷热负荷很小,外区特性消失,可作为内区处理。

在内外区分别按照项目一1.2.4 所述方法进行负荷计算,应符合《民用建筑供暖通风与空气调节设计规范》(GB 50736—2012)的相关规定。

3.2.2 变风量末端装置选择

变风量末端装置是变风量空调系统的关键设备之一。空调系统通过末端装置调节一次风送风量,跟踪负荷变化,维持室温。

变风量末端装置有多种类型,按照末端送风量是否受主风管内静压波动的影响,分为压力相关型和压力无关型。压力相关型末端不设风量检测装置,风阀开度仅受室温控制器调节,在一定开度下,末端送风量随主管内静压波动而变化,室内温度不稳定;压力无关型末端增设风量检测装置,由测出室温与设定室温之差计算出需求风量,按检测风量之差计算出风阀开度调节量,主风管内静压波动引起的风量变化将立即被检测并反馈到末端控制器,控制器通过调节风阀开度来补偿风量的变化,送风量与主风管内静压无关,室内温度比较稳定。《民用建筑供暖通风与空气调节设计规范》(GB 50736—2012)规定,变风量末端装置宜选用压力无关型。目前国内除少数压力相关型变风量风口外,常用的变风量末端装置几乎都是压力无关型。

变风量末端装置按房间送风方式可分为风机动力型(包括串联式和并联式)、单风道型、旁通型、诱导型以及变风量风口型等。目前国内最常用的是风机动力型和单风道型变风量末端装置,有时也会用到诱导型末端装置。

1. 串联式风机动力型

串联式风机动力型变风量末端装置(简称串联型 FPB)是指在该变风量末端装置内,内置增压风机与一次风调节阀串联设置,其结构如图 3-3 所示。系统运行时,由集中空调器处理后送出的一次风,经末端内置的一次风风阀调节后,与吊顶内二次回风混合后通过末端风机增压送入空调区域。因此,其内置增压风机风量应为一次送风和二次回风风量之和。

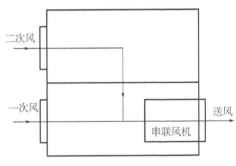

图 3-3 串联型 FPB 基本结构

串联型 FPB 始终以恒定风量运行,因此该变风量装置还可用于需要一定换气次数的场所,如民用建筑中的大堂、休息室、会议室、商场及高大空间等。

供冷时,串联型 FPB 一、二次风混合可提高出风温度,适用于低温送风。因风量稳定,即使采用普通送风口也可防止冷风下沉,以保持室内气流分布均匀性。供热时,二次风(回风)可保证足够的风量,降低出风温度,防止热风分层。当一次风(冷风)风量调到最小值后空调区域仍有过冷现象时,必须再热。二次风(回风)可以利用吊顶内的部分照明冷负荷产生的热量(约高于室内 2℃)抵消一次风部分供冷量,以减少区域过冷再热量。

2. 并联式风机动力型

并联式风机动力型变风量末端装置(简称并联型 FPB)是指增压风机与一次风调节阀并联设置,经集中空调器处理后送出的一次风只通过一次风风阀而不通过增压风机。图 3-4 为并联型 FPB 的基本结构。

并联型FPB具有两种不同的运行模式:

(1) 送冷风且当室内冷负荷较大时采用变风量、定温度送风方式;

(2) 送热风或送冷风且当室内冷负荷较小时采用定风量、变温度送风方式。

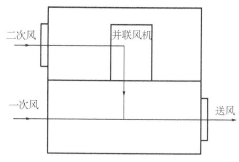

图 3-4　并联型 FPB 基本结构

当变风量末端装置送冷风且空调房间冷负荷较大时,并联型FPB的增压风机不运行,增压风机出口处止回风阀关闭,一次风调节风阀开启。随着空调房间冷负荷逐渐减少,并联型FPB的一次风风阀开始关小,逐渐减少一次风量。

当送入空调房间的一次风量较小,而空调冷负荷还在继续减小时,装置内置增压风机启动,风机出口处止回风阀打开,并联型FPB将吊顶内的暖空气与温度较低的一次风混合后送入空调房间。此时,并联型FPB进入了定风量、变送风温度运行模式。

此类末端常带热水再热盘管或电加热器,用于外区冬季供热和区域过冷再热。供热时一次风保持最小风量。在小风量过冷或供热时,启动末端风机吸入二次风(回风),与一次风混合后送入空调区域。此外,并联型FPB的内置风机风量,应按冬季工况进行计算,并根据一次风的最小风量和室内舒适度要求确定。

3. 单风道型

单风道型变风量末端装置(简称单风道型VAV)是最基本的变风量末端装置,其基本结构如图3-5所示。它通过改变空气流通截面积来调节送风量,是一种节流型变风量末端装置。系统运行时,单风道型VAV根据室温偏差,接受室温控制器的指令,调节送入房间的一次风风量。

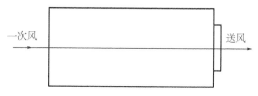

图 3-5　单风道型 VAV 基本结构

几种常用变风量末端装置因结构差异,基本性能有所不同,其特点与适用范围见表3-2。

表 3-2　常用变风量末端装置的特点与适用范围

项目	串联型 FPB	并联型 FPB	单风道型 VAV
风机	供冷、供热期间连续运行	仅在一次风小风量供冷和供热时运行	无风机
出口送风量	恒定	供冷时变化,非供冷时恒定	变化或维持设定值
出口送风温度	供冷时因一、二次风混合,送风温度变化;供热时送风温度呈阶跃式变化或连续变化	大风量供冷时因仅送一次风,故送风温度不变;小风量供冷和供热时风机运行,一、二次风混合,故送风温度变化;供热时送风温度呈阶跃式变化或连续变化	一次风供冷、供热时送风温度不变;再加热时送风温度呈阶跃式变化或连续变化
风机风量	一般为一次风风量设计值的100%～130%	一般为一次风风量设计值的60%	无
箱体占用空间	大	中	小

项目	串联型 FPB	并联型 FPB	单风道型 VAV
风机耗电	大	小	无
噪声源	风机连续噪声＋风阀噪声	风机间歇噪声＋风阀噪声	仅风阀噪声
适用范围	可用于内区或外区,供冷或供热工况	可用于外区供冷或供热工况	可用于内区或外区,主要用于供冷工况

变风量末端装置的最大风量通常按显热—温差法计算,这是因为每个末端装置所对应的温度控制区的热湿比不同,它们在焓湿图上构成了一组热湿比线簇,如图 3-6 所示,其中 t_{Ni} 为 Ni 状态点的干球温度,ε_i 为热湿比,h_S 为送风状态点的焓值,h_{Ni} 为 Ni 状态点的焓值。无论对于哪个温度控制区,只要室内空气的设计干球温度 t_N 一致,末端装置的送风温差 $t_N - t_S$ 一致。由此,末端装置的一次风最大风量是温度控制区显热负荷的线性函数,其关系式为

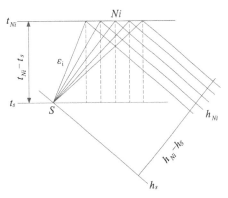

图 3-6　变风量末端装置热湿比线簇

$$1.01 \times (t_N - t_S) = \frac{Q_{S1}}{G_1} = \frac{Q_{Si}}{G_i} = \cdots = \frac{Q_{Sn}}{G_n} \qquad (3-1)$$

利用式(3-1)得出各末端装置的一次风最大风量 $G_i(i=1,2,3,\cdots,n)$。

$$G_i = \frac{Q_{Si}}{1.01 \times (t_N - t_S)} \qquad (3-2)$$

式中:$Q_{Si}(i=1,2,3,\cdots,n)$——系统显热负荷(kW);

　　　t_N, t_S——室内空气设计干球温度、送风干球温度(℃);

　　　1.01——干空气定压比热[kJ/(kg·℃)]。

一次风最小风量可体现变风量末端装置有效调节能力或可控范围。末端装置的一次风最小风量通常取一次风最大风量的 $30\% \sim 40\%$。

末端装置加热时需一定的风量。带加热器的单风道型变风量末端装置的供热风量为装置最小风量或为在双重最大值下的供热最大风量;串联型 FPB 的供热风量为内置风机风量;并联型 FPB 的供热风量为内置风机风量或内置风机风量加上一次风最小风量。加热时末端装置的送风温度可由式(3-3)计算。

$$t_{SH} = \frac{Q_{SH}}{1.01 \times G_R} + t_N \qquad (3-3)$$

式中:t_{SH}, t_N——末端装置的送风温度和室内空气干球温度(℃);

　　　Q_{SH}——室内显热热负荷(kW);

　　　G_R——末端装置送风量(kg/s)。

为兼顾舒适度要求,规定加热时末端装置的送风温度不得高于 30℃,因此若 $t_{SH} \leqslant$ 30℃,则末端装置送风量 G_R 可满足要求,反之则需加大末端装置的送风量。

3.2.3 变风量空气处理系统

1. 变风量空气处理系统分类

按风机组合分类,变风量空气处理系统可分为单风机系统与双风机系统,它们的特点与适用性见表 3-3,设计时可根据新排风处理方式、机房位置等选取。

表 3-3　变风量空气处理系统分类

系统分类	特点与适用性
单风机系统	(1) 一般应设相应排风系统,如新风量有控制手段,排风量也应相应控制,以求室内压力平衡。 (2) 风系统输送能耗较低。 (3) 控制与调试简单。 (4) 以下情况常采用单风机系统: · 新风集中处理后供给或可就地采集,要求系统新风量变化不大; · 机房邻近空调区域; · 高层办公建筑标准层
双风机系统	(1) 要求送、回风机风量基本平衡,以求室内压力平衡。 (2) 风系统输送能耗较高。 (3) 控制与调试复杂。 (4) 以下情况常采用双风机系统: · 可就地采集新风,且系统新风量可能变化较大或要求全新风运行; · 机房远离空调区域,回风道较长,回风阻力大于 150 Pa; · 办公建筑的裙房、地下室

2. 变风量空气处理过程相关计算

空气处理过程计算包括两个步骤,首先在焓湿图上作出空气状态变化点,通过各个空气状态变化点进行风量计算,然后根据各空气状态变化点、处理风量选择空气处理机组。

(1) 室内空气状态变化

与定风量系统一样,风量应根据冷热负荷与最小新风量在湿空气焓湿图上作空气热湿处理分析计算。依据室内空气设计干球温度、初定的相对湿度以及热、湿负荷确定室内空气状态变化线,即热湿比线。其计算如下:

$$\varepsilon = \frac{Q}{W} \tag{3-4}$$

式中:Q——室内全热冷负荷(kJ/s);

W ——室内湿负荷(kg/s)；

ε ——热湿比(kJ/kg)。

考虑到冷却盘管的除湿能力和风机、风管温升，一般将 ε 与 85% 等相对湿度线的相交点作为系统的送风参数。而送风参数的等含湿量线与 90% 等相对湿度线的交点作为冷却盘管的出风参数。

至此，在焓湿图上可找出送风状态点 S 的焓值 h_S、干球温度 t_S、含湿量 d_S，以及室内状态点 N 的焓值 h_N、干球温度 t_N、含湿量 d_N。

(2) 风量计算

变风量空调系统的风量 G 指系统最大设计风量，通过室内全热冷负荷 Q、室内显热冷负荷 Q_S 或室内湿负荷 W，结合上述送风状态点 S 和室内状态点 N 的相关参数即可计算，见式(3-5)。

$$G=\frac{Q}{h_N-h_S}=\frac{Q_S}{1.01\times(t_N-t_S)}=\frac{W}{d_N-d_S} \tag{3-5}$$

式中：Q_S ——室内显热负荷(kW)；

W ——室内湿负荷(g/s)；

h_N,h_S ——室内状态点焓值、送风状态点焓值；

t_N,t_S ——室内空气设计干球温度、送风干球温度(℃)；

d_N,d_S ——室内空气含湿量、送风含湿量(g/kg)；

1.01——干空气定压比热[kJ/(kg·℃)]。

3. 空气处理机组选用

(1) 风机

风机是设置在空调系统中的送风机、回风机和排风机的总称。

空气处理机组(简称 AHU)风机的最大风量 G_{max} 即为系统风量 G；风机最小风量 G_{min} 理论上应为系统最小显热负荷下的风量。实际上为保证区域新风量、良好的区域气流组织和合适的末端最小风量，末端风量不可太小。故相应的 AHU 风机最小风量一般为最大风量的 30%～40%，即 $G_{min}=0.3G_{max}\sim0.4G_{max}$。

风机静压值应为 AHU 风机全风量下的阻力、风管全风量下的阻力及末端消耗的全压力降之和。应根据 G_{max}、G_{min} 以及风机静压值选择风机，且风机选型时应确保风机静压值大于空调系统的总压力降。变风量空气处理机组的风机一般为离心式风机。风机叶轮有前向、后向之别。前向叶轮风机噪声低、体积小、价格低，但效率低、风量风压小、对运行时压力稳定有一定影响；后向叶轮风机效率高、风量风压大、曲线平滑、运行时压力较稳定，但价格高、体积大、噪声高。故当最大风量 G_{max} 为 20 000 m³/h 或风机静压值在 1 100 Pa 以下时建议用前向叶轮风机，反之，可用后向叶轮风机。变风量系统常在部分风量下工作，一般宜以系统额定风量值的 80% 作为风机最高效率选择点。

混流风机体积小、风量大、效率较高，一般用于变风量系统排风。

(2) 风量调节装置

风机风量的调节手段有风阀调节、风机入口导叶调节、变频转速调节，大型轴流风机还有变翼角调节,其中最佳选择是变频转速调节。传统的风阀调节不仅节能性差,还会引起系统内静压过高,从而产生噪声和漏风等问题。变频转速调节关键是选择合适的变频器,应让电气工程师配合选型,并注意变频器的谐波干扰和容量配置问题。

(3)冷、热盘管

变风量空调系统设有表面冷却器(冷水盘管)。冷热型单风道系统及需要考虑冬季预热处理的变风量空调系统还需设置加热器(热水盘管)。冷热盘管的选型与校核计算一般由空调器生产厂利用电脑程序完成,设计人员只需提供所选空调器的技术参数即可,如盘管的进、出风参数,进、出水温度,风、水侧阻力要求以及盘管在空调器内的布置。当机组采用四管制且需要防冻时,热水盘管应设在冷水盘管的上游。

(4)其他功能部件

① 变风量空调系统的空气过滤段与定风量系统相同,宜采用预过滤与主过滤两段。预过滤可采用平板式过滤器,过滤效率的测量采用计重法。主过滤一般采用袋式过滤器,过滤效率的测量采用比色法。

② 有些变风量空调系统会用到全热交换器,目的在于回收排风中的余热,减少新风负荷。全热交换器的芯材由不含吸湿性材料或带吸湿性涂层的材料构成。夏季时,低温低湿的排风通过芯材,使芯材冷却。同时,由于水蒸气分压力差的作用,芯材会释放出部分水分。被冷却去湿后的芯材与高温高湿的新风接触时,吸收新风中的热量与水分,使新风降温降湿。

③ 变风量空调系统与定风量空调系统相同,需要控制湿度,冬季一般需要加湿。湿度控制通过对送风湿度的测量值和设定值作 PID 调节运行,调节加湿阀,使送风湿度达到设定值。常用的加湿方法有蒸汽加湿、湿膜汽化加湿和喷雾加湿等。

3. 2. 4　空调风系统设计

变风量空调系统的风管常采用圆形风管或矩形风管。圆形风管具有允许风速高、噪声小、漏风率低、现场安装简便等优点,但占用空间较大,通常用于钢结构穿梁方式以及吊顶空间较大的场合。矩形风管造价较低、占用空间较小,但输送风速较低,漏风量较大。在设计时,应该结合实际情况合理选择风管形式。

变风量空调系统常用的风管布置形式有枝状和环状。枝状分布从空调器到末端装置只有一条通道;环状分布则包含两条以上通道,具备增加或调整末端装置位置的灵活性,但也增加了主风管的复杂性和投资费用。

空调风管可以全压或静压为基准进行计算,现行的计算方法大都以全压为基准。风管系统的全压损失为沿程阻力损失和局部阻力损失之和。变风量空调系统风管计算方法包括项目—1.2.5的假定流速法、静压复得法和摩阻缩减法。风量较大、输送距离较长的变风量空调系统可采用高速风管系统,并采用静压复得法进行风管计算;送风量为 10^5 m³/h 以上的大型高速变风量空调系统,多采用摩阻缩减法进行计算。在此介绍静压复得法和摩阻缩减法。

1. 静压复得法

静压复得法的基本原理是利用风管分支处复得的静压,来克服该管段的阻力,也就是说,利用式(3-6)来确定风管的流速,进而确定该管段的断面尺寸,如图3-7所示。经过三通分流后管内风速降低、动压减小,由于全压不变,动压减小之后静压必定增加,而增加的静压即为复得静压。实际上,分流三通会产生压力损失,减小的动压不可能100%转换成静压,因此引入静压复得系数的概念,其静压复得量应按式(3-7)计算。

$$\Delta p_{1-2} = \Delta p_{\mathrm{ml}} \times l + \xi_1 \frac{\rho v_1^2}{2} \tag{3-6}$$

$$\Delta p_{1-2} = \Delta p_{\mathrm{r}} = R\left(\frac{\rho v_1^2}{2} - \frac{\rho v_2^2}{2}\right) \tag{3-7}$$

式中：Δp_{1-2}——1-1和2-2断面之间的全压损失(Pa);

　　　Δp_{ml}——单位长度比摩阻(Pa/m);

　　　l——1-1和2-2断面之间的长度(m);

　　　ξ_1——1-1断面直通管的局部阻力系数;

　　　ρ——风管内气流密度(kg/m³);

　　　Δp_{r}——静压复得量(Pa);

　　　R——静压复得系数,取0.5~0.75;

　　　v_1、v_2——1-1和2-2断面处的流速。

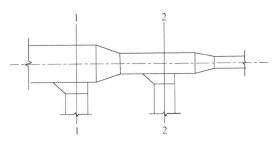

图3-7　静压复得法计算原理示意

2. 摩阻缩减法

摩阻缩减法计算风管尺寸包括以下步骤。

(1) 从空调起始段开始确定风管尺寸,需满足两个限值条件：最大风速不超过规定限值;最大比摩阻不超过规定限值。办公建筑送、回风管最大风速规定：①风管位于机房或竖井等对噪声不敏感区域,风速为18 m/s;②风管位于空调房间吊平顶内,风速为10 m/s;③风管明露在使用空间内,风速为7.5 m/s。变风量空调系统起始段的最大比摩阻为2.1~2.5 Pa/m。

(2) 在风管系统的末端,应选择较小的比摩阻,该值通常为0.85~1.25 Pa/m。

(3) 确定空调出口处到最远的变风量末端装置之间的最不利环路的管道尺寸变化。风管系统沿最不利环路的管道尺寸变化不应太多,一般设置3~4个变径与配件。

（4）计算系统起始段比摩阻与最小比摩阻的差值，按变径配件数等分，得到比摩阻的减小量。例如：在图3-8中，最大比摩阻为 2.5 Pa/m，最小比摩阻为 1.25 Pa/m，该最不利环路有 3 个变径配件，其比摩阻的减小量为(2.5－1.25)/3＝0.42 Pa/m。

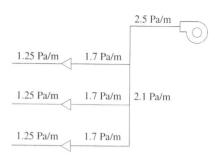

（5）沿最不利环路以最大比摩阻开始设计风管，每到一个变径配件处按比摩阻减小量缩减比摩阻，直到最小比摩阻。图3-8中最不利环路各段比摩阻分别为 2.5 Pa/m、2.1 Pa/m、1.7 Pa/m 和 1.25 Pa/m。

图 3-8　摩阻缩减法计算示意

（6）根据各段风管的比摩阻与设计风量，确定风管尺寸。摩阻缩减法模仿了静压复得法，使各管段静压近似相等，由于系统设计过程中的正常变化，风管阻力计算不可能很准确。变风量末端装置可大范围自动调节以平衡装置入口压力，精确的风管阻力计算并非十分必要。

3.3　任 务 实 施

3.3.1　参数选取

1. 室外设计计算参数

变风量空调系统设计中，室外设计计算参数按照《民用建筑供暖通风与空气调节设计规范》(GB 50736—2012)附录 A 选取。本项目设计对象位于北京市，北京市室外设计计算参数见表3-4。

表 3-4　北京市室外设计计算参数

参数	数值
冬季大气压力(Pa)	102 170
夏季大气压力(Pa)	100 020
冬季平均室外风速(m/s)	2.6
夏季平均室外风速(m/s)	2.1
夏季空调室外设计干球温度(℃)	33.5
夏季空调室外设计湿球温度(℃)	26.4
冬季空调室外设计干球温度(℃)	－9.9
冬季空调室外设计相对湿度	44%

2. 室内空气设计参数

室内空气设计参数包括温湿度、新风量和允许噪声等，根据建筑类别和空调区域功能参照标准规范选取。室内空气设计参数应符合《民用建筑供暖通风与空气调节设计规范》

(GB 50736—2012)和《公共建筑节能设计标准》(GB 50189—2015)的有关规定。本项目各空调区室内空气设计参数见表3-5。

表 3-5　室内空气设计参数与指标

房间名称	参数与指标				每人新风量 (m³/h)	允许噪声 [dB(A)]
	夏季		冬季			
	温度(℃)	相对湿度	温度(℃)	相对湿度		
办公室	26	55%	20	45%	30	40
大厅	26	55%	18	40%	20	45
会议室	26	55%	20	45%	30	40
前室	26	55%	18	40%	20	45
更衣室	26	55%	20	45%	30	45
值班室	26	55%	20	45%	30	45
走道	26	55%	18	40%	20	45

3.3.2　空调内外分区及负荷计算

本项目的目标建筑采用内外区单风道系统,在夏季工况时,将围护结构负荷与内热负荷分别处理,外区进深可缩小到2 m,为浅进深型外区,提高了舒适性,也保证了新风量;在冬季工况时,外区采用混合处理方式,即外围护结构热负荷、内热冷负荷和变风量末端装置的最小一次风相抵消后,根据剩余负荷的性质调节冷风量或加热量,故外区进深扩大到约3 m,介于浅进深型外区与深进深型外区之间,为中进深型外区,其余部分为内区。

将划分好的内、外分区再细分成若干个空调区域(图3-1)。各温控区冷、热负荷计算结果见表3-6。

表 3-6　各温控区冷、热负荷计算表

房间名称	房间面积 (m²)	全热冷负荷 (kW)	全热热负荷 (kW)	夏季湿负荷 (g/h)	冬季湿负荷 (g/h)
办公区(西1)	41.8	5.63	3.99	584	370
办公区(西2)	42.8	5.72	3.98	599	379
办公区(西3)	42.9	5.73	3.99	600	380
办公区(西4)	43	5.80	4.32	600	380
办公区(南1)	63.1	9.68	6.43	882	558
办公区(南2)	40.7	6.16	3.79	569	360
办公区(南3)	40.7	6.13	3.80	569	360
办公区(南4)	46.4	6.37	5.18	649	411
办公区[内(西)]	130.5	11.35	5.31	1 824	1 155
办公区[内(南)]	182.9	15.79	6.75	2 556	1 618
走廊	263.2	6.84	6.56	1 529	853
总计	938.0	85.2	54.1	10 961	6 824

3.3.3 变风量末端装置选型

1. 一次风最大风量计算

一次风最大风量按照各控制区域内最大显热冷(热)负荷与相应的送风温差计算,不计各控制区的潜热负荷。取冷、热一次风最大风量中的较大值作为变风量末端装置的一次风最大风量。在本项目中,根据各区域显热冷负荷,由式(3-5)计算出各区域的一次风最大风量 G。以办公区(西1)为例,若取送风温差为 $8℃$,该区域的一次风最大风量为

$$G = \frac{Q_S}{1.01 \times (t_N - t_S)} = \frac{5.558}{1.01 \times (26-18)} = 0.688 \, \text{kg/s}$$

各区域一次风最大风量计算结果见表3-7,由于一个区域设置一个末端,末端最大风量即等于区域最大风量。

2. 一次风最小风量计算

一次风最小风量可体现变风量末端装置有效调节能力或可控范围。一次风最小风量通常可按一次风最大风量的30%~40%确定。在本项目中,将末端装置的一次风最小风量 $G_{\min}$ 初定为 $0.4G$,结果见表3-7。

表 3-7　风量计算表

空调区域	房间名称	房间面积 (m²)	变风量末端装置				
			显热冷负荷 (kW)	区域最大风量 (kg/s)	末端最大风量 (kg/s)	校核前 末端最小风量 (kg/s)	校核后 末端最小风量 (kg/s)
外区	办公区(西1)	41.8	5.558	0.688	0.688	0.275	0.413
外区	办公区(西2)	42.8	5.647	0.699	0.699	0.280	0.419
外区	办公区(西3)	42.9	5.656	0.700	0.700	0.280	0.420
外区	办公区(西4)	43	5.725	0.709	0.709	0.283	0.425
外区	办公区(南1)	63.1	9.555	1.183	1.183	0.473	0.651
外区	办公区(南2)	40.7	6.085	0.753	0.753	0.301	0.414
外区	办公区(南3)	40.7	6.046	0.748	0.748	0.299	0.411
外区	办公区(南4)	46.4	6.286	0.778	0.778	0.311	0.545
内区	办公区[内(西)]	130.5	10.724	1.326	0.442	0.177	0.177
					0.442	0.177	0.177
					0.442	0.177	0.177
内区	办公区[内(南)]	182.9	14.757	1.826	0.913	0.365	0.365
					0.913	0.365	0.365
内区	走廊	263.2	6.152	0.761	0.761	0.305	0.305

3. 冬季加热所需最小风量计算

根据式(3-3)对冬季加热需求进行校核计算,校核后结果见表3-7。办公区(西1)冬

季外围护结构显热负荷 Q_{SH} 为 $3.99\,\text{kW}$，室内空气设计干球温度 t_N 为 20℃，采用带加热器的单风道型末端装置，当最小风量 $G_{\min} = 0.4G = 0.256\,\text{kg/s}$ 时，末端装置的送风温度 t_{SH} 为

$$t_{SH} = \frac{Q_{SH}}{1.01 \times G_R} + t_N = \frac{3.99}{1.01 \times 0.275} + 20 = 34.4\text{℃}$$

由于 $t_{SH} > 30\text{℃}$，送风温度偏高，需作调整。加大末端装置风量，如最小风量加大到最大风量的 60%，即 $G_{\min} = 0.60G = 0.413\,\text{kg/s}$，则

$$t_{SH} = \frac{3.99}{1.01 \times 0.413} + 20 = 29.6\text{℃}$$

$t_{SH} < 30\text{℃}$，此时所确定的最小风量合理。

4. 末端装置选型

本项目根据表 3-7 中末端最大风量和校核后的最小风量计算结果，选择风量在此风量范围内的末端装置。由于内区与走廊全年供冷，因此选择单风道单冷型末端；为防止外区一次风调到最小值后区域仍有过冷现象，因此选用单风道再热型末端。本项目最终变风量末端装置选型情况见表 3-8。

表 3-8　末端装置选型表

房间	末端型号	末端类型	进口口径 （mm）	末端装置最大风量 （kg/s）	末端装置最小风量 （kg/s）	数量
办公区（西1）	TSS-WC-10	单风道 再热型	251	0.593～0.772	0.356～0.463	1
办公区（西2）	TSS-WC-10	单风道 再热型	251	0.593～0.772	0.356～0.463	1
办公区（西3）	TSS-WC-10	单风道 再热型	251	0.593～0.772	0.356～0.463	1
办公区（西4）	TSS-WC-10	单风道 再热型	251	0.593～0.772	0.356～0.463	1
办公区（南1）	TSS-WC-12	单风道 再热型	302	0.859～1.117	0.472～0.614	1
办公区（南2）	TSS-WC-10	单风道 再热型	251	0.593～0.772	0.326～0.425	1
办公区（南3）	TSS-WC-10	单风道 再热型	251	0.593～0.772	0.326～0.425	1
办公区（南4）	TSS-WC-10	单风道 再热型	251	0.593～0.772	0.415～0.540	1
办公区［内（西）］	TSS-8	单风道 单冷型	200	0.377～0.490	0.151～0.196	3
办公区［内（南）］	TSS-12	单风道 单冷型	302	0.859～1.117	0.344～0.447	2
走廊	TSS-10	单风道 单冷型	251	0.593～0.772	0.237～0.309	2

3.3.4　变风量空气处理

空气处理过程计算包括两个步骤,首先在焓湿图上作出空气状态变化点,再通过各个空气状态点进行风量计算。根据所得各空气状态点及风量选择空气处理机组。

1. 室内空气状态点确定

首先根据室内空气设计参数,在焓湿图上找出室内设计状态点 N(26℃、55%);根据室内全热冷负荷和最大散湿量计算出热湿比 ε,过室内状态点 N 作热湿比线,热湿比线与干球温度 18℃ 等温线相交得送风状态点 S。 气流从空气处理机组输送到各末端时,由于风机产热和管道传热会产生风机温升 Δt_F 和风管温升 Δt_D,气流从房间回到空气处理机组会产生回风温升 Δt_L,根据相应计算公式计算出温升值,风机温升、风管温升、回风温升均是等含湿量的状态变化,在焓湿图上,室内设计状态点 N 沿等含湿量线与 $(t_N + \Delta t_L)$ 等温线相交点即为空气处理机组的回风状态 R;送风状态点 S 沿等含湿量线与 $(t_S - \Delta t_F - \Delta t_D)$ 等温线相交点即为空气处理机组的出风状态 L(也称机器露点)。

2. 处理风量计算与空气处理机组的选型

各状态点焓湿图表示如图 3-9 所示,在焓湿图上读取室内空气焓值 h_N 和送风焓值 h_S,系统处理风量可按式(3-2)计算,各状态点参数、计算方法及计算结果见表 3-9。根据室内全热冷负荷 Q 与处理风量 G 即可选择空气处理机组。其中,$G = \dfrac{Q}{h_N - h_S} = \dfrac{85.2}{55.8 - 47.2} = 9.9 \text{ kg/s}$。

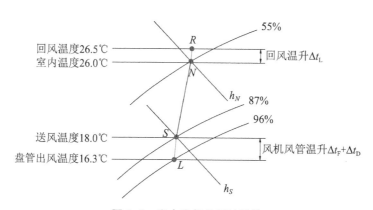

图 3-9　室内空气处理过程线

表 3-9　空气状态参数及风量计算表

名称	室内全热冷负荷	总夏季湿负荷	热湿比	室内空气焓值	送风焓值	送风量	风机温升	风管温升	回风温升
符号	Q	W	ε	h_N	h_S	G	Δt_F	Δt_D	Δt_L
单位	kW	kg/s	kJ/kg	kJ/kg	kJ/kg	kg/s	℃	℃	℃

(续表)

名称	室内全热冷负荷	总夏季湿负荷	热湿比	室内空气焓值	送风焓值	送风量	风机温升	风管温升	回风温升
计算公式来源	建筑热环境设计模拟工具包(DesT-C)		$\dfrac{Q}{W}$	查焓湿图		$\dfrac{Q}{h_N - h_S}$	$\dfrac{P_T \times \eta}{1\,212 \times \eta_1 \times \eta_2}$ 式中：P_T 为风机全压；η 为电动机安装系数；η_1 为风机的全压效率；η_2 为电动机的效率	$\dfrac{Q_D}{1.01 \times G}$ 式中：Q_D 为送风管的吸热量	$\dfrac{Q_L}{1.01 \times G}$ 式中：Q_L 为回风管的吸热量
系统	85.2	0.003 04	28 026	55.8	47.2	9.9	1.5	0.16	0.47

3.3.5　空调风系统设计

（1）在本次设计中，由于目标建筑层高较低，主要风管使用矩形风管，连接变风量末端装置的支管则可采用圆形风管。主要风管材质选用镀锌钢板，变风量末端与散流器的连接使用柔性软风管。

（2）变风量系统常用的风管布置形式有环状和枝状，本次设计采用枝状风管系统布置形式。

（3）由于空调系统较小，采用等摩阻法（假定流速法）进行风管设计。

（4）考虑到各房间回风的压力平衡，采用吊平顶静压箱集中回风。

空调送、回风管采用等摩阻法进行确定。采用等摩阻法确定风管管径和进行风管的水力计算，对管段进行编号，确定各段合理流速和比摩阻，计算最不利环路的总阻力。风管形状采用矩形风管。风管水力计算参数见表 3-10。风管平面布置如图 3-10 所示。

表 3-10　风管水力计算参数

编号	风量 (m³/h)	管长 (m)	宽 (mm)	高 (mm)	风速 (m/s)	沿程阻力 (Pa)	局部阻力 (Pa)	总阻力 (Pa)
①	28 596	10.2	1 000	800	9.93	8.78	17.71	26.49
②	25 398	7.2	1 000	800	8.82	4.99	27.95	32.94
③	21 112	9.9	1 000	800	7.33	4.89	19.31	24.20
④	8 461	5.1	800	500	5.88	2.61	10.24	12.85
⑤	7 228	2.2	800	500	5.02	0.84	15.08	15.92
⑥	5 263	6.4	630	500	4.64	2.41	6.45	8.86
⑦	3 298	6.8	500	400	4.58	3.28	41.98	45.26
⑧	12 651	5	800	630	6.97	2.972	14.56	17.53
⑨	4 703	4.1	630	500	4.15	1.26	8.25	9.51

编号	风量 （m³/h）	管长 （m）	宽 （mm）	高 （mm）	风速 （m/s）	沿程阻力 （Pa）	局部阻力 （Pa）	总阻力 （Pa）
⑩	2 157	4.8	500	250	4.79	3.56	48.16	51.72
⑪	7 948	10.5	630	500	7.01	8.41	14.85	23.26
⑫	6 860	4.1	630	500	6.05	2.49	10.96	13.45
⑬	4 314	4.8	630	500	3.80	1.26	2.60	3.86
⑭	2 157	2.2	500	250	4.79	1.62	41.83	43.45

最不利环路为 1-2-3-8-11-12-13-14；最不利阻力为 185 Pa

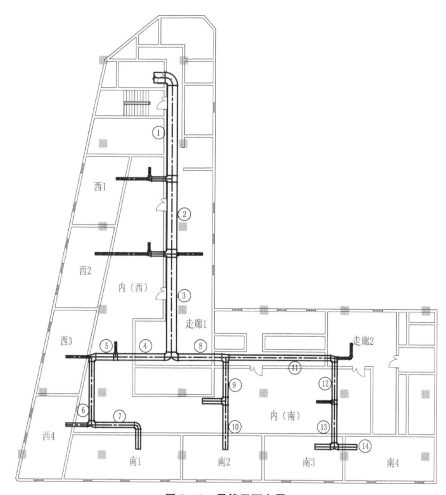

图 3-10　风管平面布置

思　考　题

1. 试说明变风量空调系统的特点与适用范围。

2. 风机动力型变风量空调系统有哪些应用形式？试述其特点与适用性。

3. 单风道型变风量空调系统有哪些应用形式？试与风机动力型变风量空调系统进行比较。

4. 变风量空调系统有哪些典型的系统布置方式？试述其特点及注意事项。

5. 什么叫内区和外区？区别二者的特征是什么？

6. 单风道型末端装置有哪几种常用的运行系统？

7. 变风量末端装置有哪些主要部件？

8. 简述变风量末端装置的选型步骤。

9. 新风量的计算有哪些方法？

10. 变风量空调系统常用的风管布置形式有哪几种？试比较其优缺点。

11. 变风量空调系统风管有哪些计算方法？分别适用于哪些风管系统？

12. 风系统设计有哪些注意事项？

项目四

变制冷剂流量空调
系统设计

设计要点：

- ◆ 室内外机形式和容量确定
- ◆ 室内外机布置
- ◆ 制冷剂管路设计
- ◆ 冷凝水管路设计

4.1 工 作 任 务

4.1.1 工程概况

　　本项目目标建筑位于上海市,由一栋塔楼及其裙楼组成,空调设计服务对象为塔楼的 5～12 层办公层部分,其标准层平面如图 4-1 所示,每层层高 3.7 m,空调覆盖面积 3 454.1 m²。此办公层部分为出租性办公层,各租户对空调的使用时间及习惯都不尽相同,结合塔楼其他部分的实际情况,空调系统选择变制冷剂流量系统。变制冷剂流量系统(简称多联机系统)的室内机均可根据用户的实际需求进行开关和温度调节。变制冷剂流量系统是一台或多台室外机配置多台室内机,通过改变制冷剂流量来适应各空调区负荷变化的直接膨胀式空调系统。该类系统具有节省建筑空间、施工安装方便、运行节能可靠、满足不

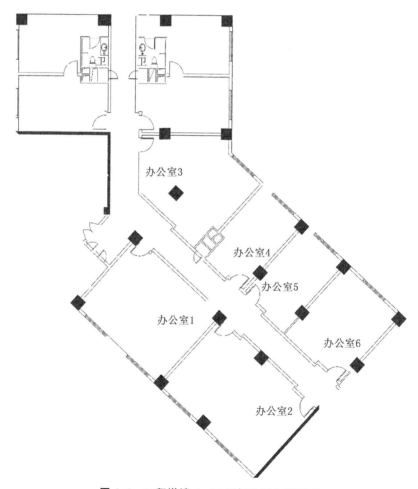

图 4-1　工程塔楼 5～12 层标准层平面示意

同用户需求、没有水管漏水隐患的特点;但其不能向室内补充新风,一般新风处理采用直送室内或专门设置新风机组经处理后进入室内的方式,且变制冷剂流量系统的初投资较高。上海属于夏热冬冷地区,既需要处理夏季冷负荷,又需要处理冬季热负荷,故选择热泵型变制冷剂流量系统。

4.1.2　任务分析

综合性高层办公建筑一般由办公用的标准层和综合服务用的公共用房组成,建筑的功能和使用特点决定了其负荷特性。标准层和公共用房在使用时间上存在差异。这类建筑的密封性较好,其室内空气环境的好坏完全依赖于空调系统;采光以室内照明为主,要求有良好的室内照明;由于现代化通信、楼宇自动化和办公自动化系统在办公楼中必不可少,计算机成为每个工作人员必备的工具,室内发热设备明显增加,照明与空调能耗占整个建筑总能耗的比例越来越大,成为主要能耗。

此外,办公人员上下班时间比较固定,在上班时间内,负荷变化比较平坦;办公人员下班后,全楼负荷突然减小,小负荷运行时间长。在保证室内空气品质的前提下,根据负荷特性提高设备和系统的效率,以减少能耗、总费用及污染,成为空调系统设计的主要任务。

4.2　知 识 模 块

4.2.1　变制冷剂流量空调系统分类

变制冷剂流量空调系统,有如下两种分类方式。

1. 按照压缩机类型分类

(1) 变频式。当室内负荷发生变化时,可通过改变压缩机频率来调节制冷剂流量,在部分(50%～80%)室内机开启的情况下,能效比要比满负荷时高,系统整体节能性要比定频式好。

(2) 定频式。当室内负荷发生变化时,通过压缩机输出旁通来调节制冷剂流量,在部分室内机开启的情况下,能效比要比满负荷时低。

2. 按室外机冷却方式分类

(1) 风冷式。室外机冷却介质是室外空气,安装简单,但环境工况恶劣时,对系统性能影响比较大。

(2) 水冷式。室外机冷却介质是水,设计安装较复杂,但系统性能比较高,环境工况对其影响比风冷式小。

除上述分类外,变制冷剂流量空调系统还有其他多种分类方式。按其提供的功能,可分为单冷型、热泵型和热回收型三大类;按压缩机的变频调节方式,可分为变频式和变容式,其中,变频式分直流调速和交流变频两种形式,而变容式以采用数码涡旋压缩机为主;按其是否具有蓄能能力,可分为蓄能型(蓄热、蓄冷型)和非蓄能型。

4.2.2 室内外机形式和容量确定

1. 室内机形式和容量的初选

(1)室内机的形式初选:一般根据空调房间的功能、建筑构造、装潢及气流分布等因素,选择合适的室内机形式。

① 在办公空间中,较常采用天花板嵌入式和天花板嵌入导管内藏式的室内机。天花板嵌入式(四向气流)的机型比较适合应用在房间形状较规整、全吊顶的空间,而天花板嵌入式(双向气流)的机型则经常应用在电梯厅、走道等狭长且全吊顶的空间;天花板嵌入导管内藏式可以灵活地配合装潢吊顶进行风口布置,或应对层高较高的挑空空间,其适用范围更广。

② 在住宅空间中,针对不同空间,也有各种室内机灵活对应。由于层高的限制,最常使用的机型为天花板内藏直吹式(超薄型)和天花板内藏风管式(超薄型)室内机,其机身厚度仅为 200 mm,且运行噪声低;如客房、书房等面积小且不希望进行吊顶的空间,可以直接采用壁挂式的机型;在挑空的客厅以及顶楼的阁楼等空间,还可采用落地型室内机进行对应。

在室内机形式初步确定后,还需要进行室内机的具体布置,在布置室内机的过程中可确认初期室内机形式选型是否满足各种要求。如遇到气流分布不良或无法进行实际安装等情况,应及时调整室内机形式。

(2)室内机的容量初选:根据相应室内机的额定制冷/制热容量(可参看厂家提供的样本或技术资料),选出最接近或大于房间冷/热负荷的室内机。

2. 室外机形式及容量的初选

在选择室外机的时候,首先要确定该室外机所覆盖的范围,即室外机所对应空间以及室内机的台数、容量大小,然后再根据室内机的容量总和、室内外机连接率选择相应的室外机容量。

室内外机形式确定时主要考虑以下原则:

(1)进行合理的空调分区,以降低室外机容量。将建筑内部划分为若干空调分区,不同区域采用不同的空调系统,尤其是负荷变化明显不同的场所(外区/内区、不同方位)、房间的使用时间段和使用频率不同(如会议室、管理员室、展示厅、机房等)的场所以及室内设计条件(如温度条件或者洁净度条件等)不同的场所,做好空调分区尤为重要。

空调分区可以按照方位进行划分(类似于项目三的内外区,建筑规模较大时更需要划分),也可以按照使用时间和使用频率划分,还可以按照室内设计要求划分。表 4-1 列举了一些常见建筑的具体分区方法。

表 4-1　常见建筑的区域划分方法

空　间	分区方式
办公空间	一般是按层进行分区。会议室、办公室、总经理室、接待区等空间并入一套系统。大型会议室(或礼堂)、展示厅、食堂、机房、值班室等需要使用不同的系统,特别是机房需要使用独立系统。电梯厅等公共空间由于使用习惯不一样,也可考虑独立系统
医　院	一般是按层进行分区。病房、护士间、诊疗室等可并入一套系统;大堂、接待区等共用空间可并入一套系统;手术室、新生儿室、ICU 室、CCU 室等因为洁净度要求不一样需要使用不同的系统
礼堂剧场	观众席、大厅、会议室、管理室、后台等需要使用不同的系统
宾馆酒店	客房、餐厅、厨房、准备室、大厅、接待厅等需要使用不同的系统

分区不仅是为了降低设备选型容量从而降低设备初投资,同时也是系统节能的一个重要手段。因此,在进行系统设计时需仔细研究、合理分区,最大程度地发挥变制冷剂流量空调系统的优势。

此外,负荷特性相差较大的房间或区域,宜分别设置变制冷剂流量空调系统;需同时分别供冷与供热的房间或区域,宜设置热回收型变制冷剂流量空调系统。

(2) 配管系统尽可能优化。相近的房间尽量组合成为一个系统,配管的布置尽量简单。

(3) 室内外机的连接率必须在厂家限定的范围内。从经济性和节能性角度考虑,需根据同开率来选择合适的室内外机连接率,一般选择为 110% 左右,并且在确定连接率后需确认室内机的实际冷热量是否满足室内冷热负荷需求。若项目各房间的同开率较低(如别墅),则连接率可适当放大。式(4-1)为连接率的计算公式。

$$连接率 = \frac{室内机额定制冷/制热能力之和}{室外机额定制冷/制热能力} \times 100\% \qquad (4\text{-}1)$$

(4) 要考虑室外机放置位置。系统配管越长,室外机能力衰减就越大,即系统实际的输出能力会相应下降。

(5) 一般来说,每层应配备一个室外机系统。当每层的面积较小时,可以多层共用一台室外机。

(6) 室内机数量不能超过室外机所能容许连接的室内机数量。

3. 室外机实际制冷/制热容量计算

在变制冷剂流量空调系统的设计中,还需要考虑到其他外界因素,如温度和除霜等对系统制冷/制热能力的影响。所以需要对额定工况下的室外机的制冷/制热容量进行修正,从而得到实际的制冷/制热容量。

室外机实际制冷/制热容量的计算公式为

$$室外机的实际制冷/制热容量 = 在设计温度下 100\% 连接率时室外机的制冷/制热能力 \times$$
$$管长修正系数 \times 制热工况下的融霜修正系数 \qquad (4\text{-}2)$$

其中,不同温度下不同连接率时的室外机制冷/制热能力值,一般在厂家所提供的容量表中可以直接查询;管长修正系数可根据室内外机的最长等效管长以及室内外机的最大高低差在厂家提供的相应图表中查得;制热工况下的融霜修正系数,可在厂家提供的相应图表中查得。在室外温度为$-7\sim7℃$时需进行融霜修正。

4.2.3　室内外机布置

1. 室内机的布置

在室内机的形式基本选定后,进行室内机布置时需要考虑气流分布及舒适度两个方面的因素。

1）气流分布

（1）气流组织方式

在空调房间中,经过处理的空气由送风口进入房间,与室内空气混合并进行热交换后,再由回风口吸出。在空气流动过程中,流动的状态不同会导致空调效果的偏差,故不同的空间场合采用何种气流组织方式,对于室内的空调效果有非常重要的影响。应根据室内温湿度参数、允许风速、噪声标准和空气质量等要求,结合房间特点、内部装修及设备散热等因素确定室内空气分布方式,并应防止送回风（排风）短路。

（2）送风口的设计

送风口的设计对于气流分布至关重要。因此必须合理地进行空调送风口的设计,组织室内空气的流动以期达到良好的空气调节效果。当室内机形式采用风管式时,空调房间的送风方式宜采用侧送下回或上送上回,送风气流宜贴附;当有吊顶可利用时,可采用散流器上送;房间确定送风方式和送风口时,应注意冬夏季温度梯度对其的影响。

（3）出风要送达的距离

根据室内的形状、层高,确认出风是否能够满足房间内的所有空间气流分布均匀的需求,避免局部制冷/制热不良导致的空调效果不良,并需要确认出风要送达的距离。出风要到达的方向分为水平方向和竖直方向。嵌入式的机型一般可参考厂家提供的技术资料中的相关数值或图示。风管式室内机由于与设计和安装所采用的风口形式有密切的关系,所以可参考设计和安装的风口厂家提供的数值。当采用风管式室内机风口侧送风时需要考虑以下三点:

① 制冷的送达距离应为出风口到墙面距离的80%;

② 当外部的窗面积较大或是吊顶较高的时候,制热的送达距离需设置为100%;

③ 离地面$3\,m$以内、对制热要求较高时,需采用双层百叶送风口,并且水平百叶调整至百叶角度$45°$以上向下倾斜吹出。

（4）扩散半径的影响

每个室内机或者出风口都有一定的扩散半径,在布置时需要遵循扩散半径不重叠的原则。如图4-2所示,当采用散流风口时,如扩散半径重叠,重叠区域的人员会有直吹的不舒适感。

（5）注意可能由于隔断或家具、设备等的阻挡而引起的气流停滞

（6）空调房间的换气次数不宜少于5次/h

2）舒适度

（1）避免室内的人员感觉到被风直吹（会产生过度的冷与热的不舒适感）

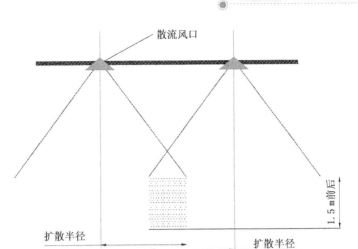

图 4-2　扩散半径重叠示意(立面)

（2）送风风速需在合适的范围之内

人体的舒适度与到达活动区域的风速大小有很大的关系。送风口太大，风速太低，气流难以送达人员活动区，空调效果不好；送风口太小，风速太大，容易产生噪声。对于舒适性空气调节到达活动区域风速的大小选择可参见表 4-2。

表 4-2　室内活动区的允许气流速度

人体状态	长时间静坐		短时间静坐		轻体力活动		重体力活动	
适用场合	办公室、电影院、剧场、会议厅		住宅、餐厅、宴会厅、体育馆		商店、一般娱乐场所		舞厅、健身房、保龄球室	
	冷风	热风	冷风	热风	冷风	热风	冷风	热风
风速(m/s)	0.10	0.20	0.15	0.30	0.20	0.35	0.30	0.45

（3）注意噪声影响

一般来说，送风口的结构越复杂，并且送风速度越大，噪声就越大。许可的最大送风速度主要取决于其噪声发生源和由房间用途决定的许可噪声级别。同理，回风速度也和噪声有关，送风和回风速度的推荐值具体可见表 4-3 和表 4-4。

表 4-3　送风口最大送风速度

建筑物类别	最大风速(m/s)
住宅、公寓、饭店客房	2.5～3.0
电影院	5.0～6.0
会堂	2.5～3.8
办公室	2.5～4.0
商店	5.0～7.5
医院病房	2.5～4.0

表 4-4　回风口的回风速度

回风口的位置		回风速度(m/s)
房间上部		≤4.0
房间下部	不靠近人经常停留的地方	≤3.0
	靠近人经常停留的地方	≤1.5

注:参照《民用建筑供暖通风与空气调节设计规范》(GB 50736—2012)。

除了注意送、回风口的风速合理设计以外,还需考虑当机器本身风量及静压较大时可能产生的噪声影响。当自然衰减不能达到允许噪声标准时,应设置消声设备或采取隔声隔振等措施。

(4)热辐射

① 注意靠窗的局部范围,会产生热冷辐射。

② 如果室内有发热源,需要考虑室内发热源的影响。

(5)回风口的布置

① 尽量配置在可以让室内空气容易循环的位置。

② 回风风速需在合适的范围之内,相关数据可以参照表 4-4。

③ 注意送、回风之间的气流短路。风口尺寸、位置选择不当,送、回风速度过于接近,都容易出现气流短路的现象,从而影响空调效果,在设计时需要特别注意。

④ 避免设置在空气有污染的地方。

(6)检修方便

① 需要开设检修口或预留足够检修空间。

② 应考虑日后检修方便。如果室内机安装在层高较高的空间,其检修将会比较困难。

(7)美观性

① 需要与室内的装潢布置相协调。

② 注意与室内照明的协调。

2. 室外机的布置

变制冷剂流量空调系统的室外机是提供冷、热源的重要部件。为能达到良好的制冷/制热效果、营造舒适的空调环境,在布置室外机时需注意以下五点。

(1)预留足够的安装、维修和保养空间。为了保证今后室外机能够进行正常的安装和维修保养,在设计室外机摆放位置时,需要预留一定的安装、维修空间。一般至少需要在机前预留 500 mm,机后预留 300 mm,机侧预留 10 mm 的空间,以便安装维修人员进行零部件的更换及维修。

(2)保证良好的散热空间,从而保证变制冷剂流量系统的优越性能。由于室外机在夏季制冷运转时吹出温度较高的空气,冬季制热时吹出温度较低的空气,当设置状态不佳时,室外机的排气直接又被室外机的回风口吸回,发生气流短路的现象,降低机器工作能力,增加耗电量。并且机器温度一旦超过其温度运转范围,将会进行自我保护而停止。

(3)减少室外机对周边环境的噪声影响。室外机设置方式主要有集中摆放及分层摆放

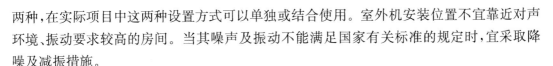

两种,在实际项目中这两种设置方式可以单独或结合使用。室外机安装位置不宜靠近对声环境、振动要求较高的房间。当其噪声及振动不能满足国家有关标准的规定时,宜采取降噪及减振措施。

（4）应远离高温或含腐蚀性、油雾等有害气体的排风口。

（5）侧排风的室外机排风不应与当地空调使用季节的主导风向相对,必要时可增加挡风板。

若预留室外机房,需要校核室外机房的大小是否满足室外机的基本安装和维修空间的要求,并保证有足够的吸、排风空间。此外,也需要校核室外机的机外余压是否足以克服各种阻力损失（如送风装置、百叶等）。

4.2.4　制冷剂管路设计

变制冷剂流量空调系统中,制冷剂配管设计和施工的合理性,将影响变制冷剂流量空调系统性能的发挥。故在进行制冷剂管路设计时,需要注意以下两个方面:第一,变制冷剂流量系统的冷媒配管的设计须遵循厂家的详细规格标准;第二,需要考虑合理的走向和布置,尽量减小管长,降低能耗。

国家行业标准《多联机空调系统工程技术规程》（JGJ 174—2010）指出,通过产品技术资料核算,系统冷媒管等效长度应满足对应制冷工况下满负荷的性能系数不低于 2.80 的要求,当产品技术资料无法满足核算要求时,系统冷媒管等效长度不宜超过 70 m。

制冷剂管路如图 4-3 所示,设计流程如图 4-4 所示,主要包括室内外机之间的冷媒配管设计、室外机之间的连接配管设计（当室外机为多模块组合时）、冷媒配管管道井的设计（当室外机集中摆放或跨层摆放时）。

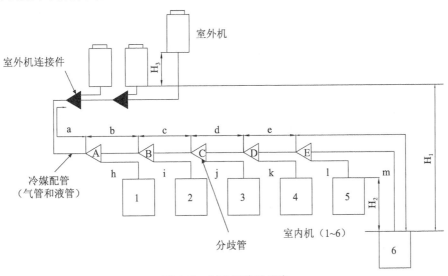

图 4-3　制冷剂管路示意

注:1—6 表示室内机;A—E 表示分歧管（类似三通）;a 表示冷媒配管主配管;b—e 表示分歧管与
分歧管之间的冷媒配管;h—m 表示分歧管与室内机之间的冷媒配管。

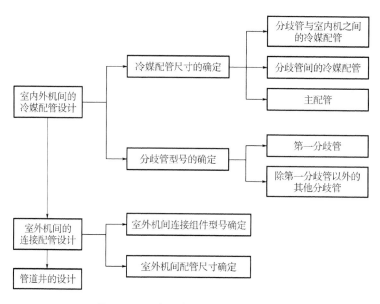

图4-4 制冷剂管路的一般设计流程

1. 室内外机之间冷媒配管设计方法

室内外机之间的冷媒配管设计应从最末端的室内机开始,需要确定的是制冷剂管路(气管和液管)的尺寸以及分歧管的型号。

(1) 制冷剂管路尺寸设计

分歧管与室内机之间冷媒配管(图4-3中的g、h、i、j、k、l段)的尺寸需与室内机上的连接配管尺寸一致,即根据室内机的容量大小选择相应的配管尺寸,可参考表4-5选择。

表4-5 不同室内机型配管尺寸选择表

室内机容量(kW)	配管尺寸(mm)	
	气管	液管
<5	ϕ12.7	ϕ6.4
5~14	ϕ15.9	ϕ9.5
≥14	ϕ22.2	ϕ9.5

分歧管间冷媒配管(图4-3中的b、c、d、e段)的尺寸根据该分歧管下游连接的所有室内机的总容量指数选择,连接配管的尺寸不得大于冷媒主配管的尺寸,可参考表4-6。

表4-6 分歧管间冷媒配管尺寸选择表

室内机总容量(kW)	配管尺寸(mm)	
	气管	液管
≤14.0	ϕ15.9	ϕ9.35
14.0~21.0	ϕ19.0	

（续表）

室内机总容量（kW）	配管尺寸（mm）	
	气管	液管
21.0～28.0	ϕ 22.2	ϕ 12.7
28.0～36.4	ϕ 25.4	
36.4～50.4	ϕ 28.6	ϕ 15.9
50.4～72.8	ϕ 38.1	ϕ 19.1
＞72.8	ϕ 41.3	ϕ 22.2

冷媒配管主配管（图 4-3 中的 a 段）管径的大小应与该系统连接的室外机系统的连接配管尺寸相同，即根据室外机的容量选择对应的冷媒配管主配管尺寸（表 4-7）。当等效管长超过 90 m 时，要增加冷媒配管主配管的直径。

表 4-7　冷媒配管主配管尺寸选择表

室外机容量（kW）	配管尺寸（mm）	
	气管	液管
≤20	ϕ 19.1	ϕ 9.35
20～25	ϕ 22.2	
25～40	ϕ 28.6	ϕ 12.7
40～55		ϕ 15.9
55～60	ϕ 34.9	
60～85		ϕ 19.1
85～120	ϕ 41.3	

（2）分歧管的选型

第一分歧管（图 4-3 中的 A 分歧管）的型号根据室外机的容量选择，具体参见厂家给出的分歧管参数。除第一分歧管外的其他分歧管（图 4-3 中的 B、C、D、E 分歧管），应根据该分歧管下游连接的所有室内机的总容量指数进行选型。

2. 室外机之间的冷媒配管设计方法

若室外机由多模块组成（容量超过某一值），需根据该室外机的模块数，选择连接配管组件。与室外机模块连接的配管（图 4-3 中的 C 分歧管）应根据室外机模块的容量大小选择对应的配管尺寸。分支/主干管对应的配管（图 4-3 中的 B 分歧管）应根据室外机连接组件上游的室外机模块的总容量来选择对应的配管尺寸。

此外，制冷剂管路设计应考虑到冷媒在管道系统中流动时与管内壁产生的摩擦，因为摩擦会产生一定的阻力。另外，压缩机内的冷冻润滑油也会随冷媒从室外机流到室内机和管道内，所以变制冷剂流量空调系统在冷媒配管长度以及冷媒分支系统的设置上存在一定的限制。不同厂家在管长（如最长管长、高低落差等）方面的限制各有不同，设计时应根据厂家提供的数据具体情况具体分析。

一般来说，制冷剂管路合理布置的注意事项如下。

（1）管长及高低落差等参数需在厂家规定的范围内，此处第一分歧管后的管长差是指第一分歧管至最远室内机的管长减去第一分歧管至最近室内机的管长。

注："最远"和"最近"均是指冷媒配管长度的最长和最短，而非室内机实际安装位置的远近。

（2）选择合适的管道井位置，减少单根冷媒管的长度，从而降低能力损耗。比如将管道井设置在中间，冷媒配管的长度分配比较适当，且第一分歧管在中间分歧，整体的设计灵活性也会提高。

（3）优化管路的走向。优化管路的走向可以有效减少冷媒管的使用量，从而减少由于空调机组过长而消耗的能量。同时冷媒配管和冷媒的使用量也减少，起到了很好的节能效果。

（4）冷媒配管的弯曲角度（与水平方向）不得小于 90°。如果设计小于 90° 的弯曲角度，实际施工时会由于壁厚不均而造成泄漏。

4.2.5　冷凝水管路设计

夏季制冷工况下，室内空气与室内机热交换器中温度较低的冷媒发生热交换的同时，将空气中的水蒸气凝结成水。在设置冷凝水管时，需要考虑到冷凝水应遵循就近排放的原则。另外，为保证冷凝水能顺利地排放，冷凝水管需要保证一定的坡度（一般建议 1% 以上）。

1. 冷凝水管尺寸的设计

（1）确定与室内机相连的冷凝水管管径

与室内机相连的冷凝水管管径和相对应的室内机排水管管径一致，因此可以根据室内机的排水管管径确定与之相连的冷凝水管管径的尺寸。当机型不一样时，其排水管管径也会不同。一般在厂家的样本和技术资料的室内机规格表中都会标注。

（2）确定冷凝水集中排水管的管径

冷凝水集中排水管的管径，即冷凝水管汇流后的排水管的管径，需根据汇流管内的总排水量来确定，一般应大于汇流前的管径。排水量可按上游连接的室内机容量进行估算，制冷能力为 1 匹的室内机每小时产生 2 L 冷凝水，且水平管道和竖直管道要求也不一样，具体参见表 4-8 和表 4-9。

表 4-8　水平管道直径与允许冷凝水排水量的关系

PVC 配管	配管内径（mm）	配管外径（mm）	允许流量（L/h）	
			斜度 1/50	斜度 1/100
PVC25	19	20	39	27
PVC32	27	25	70	50
PVC40	34	31	123	88
PVC50	44	40	247	175
PVC63	56	51	473	334

表 4-9　竖直管道直径与允许冷凝水排水量的关系

PVC 配管	配管内径(mm)	配管外径(mm)	允许流量(L/h)
PVC25	19	20	220
PVC32	27	25	410
PVC40	34	31	730
PVC50	44	40	1 440
PVC63	56	51	2 760
PVC75	66	67	5 710
PVC90	79	77	8 280

2. 冷凝水管的合理布置

（1）冷凝水管一般设置在卫生间、厨房等有地漏的地方，或直接设置在室外。冷凝水排水管不应与其他污水管、排水管（如雨水管）连接。

（2）采用集中排水方式时，应遵循"就近原则"，同时尽量减少同一冷凝水管所连接的空调内机的数量，汇流时必须保证冷凝水自上而下地汇入集中排水管，防止回流。

（3）采用上排水方式时，需要保证一定的排水坡度。而如果仅采用自然排水的方式，管路较长时就会影响到层高。自带提升水泵的室内机机型，则可以通过提高排水水位的方式，达到更为理想的排水效果，同时保证吊顶的高度。

4.3　任务实施

4.3.1　变制冷剂流量空调系统设计流程

变制冷剂流量空调系统包括室内机、室外机以及冷媒配管，设计内容包括以下四部分。

（1）室内外机的形式和容量的确定；

（2）室内外机的布置；

（3）冷媒配管的设计；

（4）冷凝水管的设计。

变制冷剂流量空调系统设计流程如图 4-5 所示，具体步骤如下。

（1）建筑冷热负荷计算。根据建筑概况及设计要求，计算冷热负荷。

（2）室内机容量和形式的初选。根据相应室内机额定制冷/制热容量，选出最接近或大于房间冷/热负荷的室内机。值得注意的是，当在制冷和制热工况都有要求的情况下，需要保证室内机的制冷/制热容量同时满足室内的冷热负荷计算值。

根据空调房间的建筑构造、装潢布置等条件，同时考虑保证良好的气流分布，从而选择合适的室内机形式。

（3）室外机初选。根据确定后的空调系统中的室内机额定容量的总和以及连接率，选择相应的室外机，因此在这一步骤中，需要合理地划分系统和确定合适的连接率。

（4）室内/外机实际制冷/制热容量计算。因为设计工况并非是额定工况，故室外机实际的制冷/制热容量需要根据设计工况下的温度、连接率以及管长、融霜等因素进行修正。连接率不同，其计算方式有所不同。

在此基础上校核实际室内机制冷/制热容量，可由式（4-3）计算得到。

$$室内机制冷/制热容量=\frac{室外机实际制冷/制热容量×室内机的额定容量}{室内机的总计额定容量} \quad (4-3)$$

（5）室内机容量校核。如果按照式（4-3）计算出的室内机的最终实际制冷/制热量小于该室内机所对应的房间负荷，则应重新选择室内机，再重复步骤（2）～（5），直到满足要求为止。

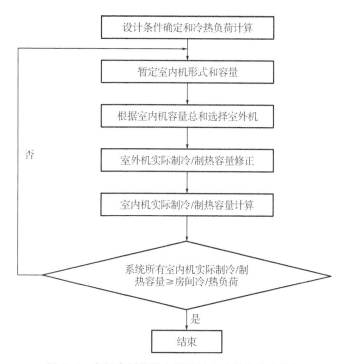

图4-5 变制冷剂流量空调系统室内外机设计流程

4.3.2 参数选取和负荷计算

1. 室内外设计参数选取

本任务中室外设计参数：夏季空调干球温度为34℃；夏季空调湿球温度为28.2℃；冬季空调干球温度为−4℃。

各房间室内设计参数见表4-10。

表 4-10　各房间室内设计参数

房间名称	夏季		冬季		新风量(m³/h)
	温度(℃)	湿度	温度(℃)	湿度	
办公室	26	55%～65%	18	≥40%	30
会议室	26	55%～65%	18	≥40%	30
招待室及会议准备间	26	55%～65%	18	≥40%	30
走廊及卫生间	27	55%～65%	18	≥40%	20

2. 围护结构参数

围护结构参数见表 4-11。

表 4-11　围护结构参数

结构名称	传热系数[W/(m²·K)]
顶棚	1.2
外墙	1.5
内墙和楼板	2.0
6 mm+6 mm 中空玻璃(无窗帘)	2.9

3. 其他参数

(1) 层高。办公室 3.7 m;会议室 3.7 m;招待室及会议准备间 3.7 m;走廊及卫生间 3.7 m。

(2) 吊顶高度。办公室 2.7 m;会议室 2.7 m;招待室及会议准备间 2.7 m;走廊及卫生间 2.7 m。

(3) 人数。办公室按 5 m²/人;会议室按 3 m²/人;招待室及会议准备间按 3 m²/人;走廊及卫生间按 10 m²/人计算。

(4) 照明及其他电气发热设备:按 40 W/m² 计算。

(5) 办公室使用时间:8:00～18:00。

另外配有独立新风系统,该部分新风负荷由新风机组承担,设计过程可参考项目二。

根据以上设计参数可计算得出各房间的峰值负荷,汇总于表 4-12。

表 4-12　房间峰值负荷综合表

典型房间名称	地板面积(m²)	制冷		制热	
		全热负荷(W)	出现时间	显热负荷(W)	出现时间
5 层					
大会议室	133.9	11 274	17:00	9 373	8:00
招待室及会议准备间	50.2	3 529	10:00	3 514	8:00
办公室 1	28.5	2 041	10:00	2 280	8:00
办公室 2	28.4	2 038	10:00	2 268	8:00
办公室 3	37.0	2 704	10:00	2 960	8:00
公用会议室 1	57.0	5 218	16:00	3 990	8:00
公用会议室 2	65.6	5 800	16:00	4 592	8:00
走廊及卫生间	112.1	7 802	11:00	7 847	8:00

（续表）

典型房间名称	地板面积（m²）	制冷		制热	
		全热负荷（W）	出现时间	显热负荷（W）	出现时间
6层～12层					
办公室1	53.6	3 282	16:00	2 894	8:00
办公室2	56.6	3 172	16:00	3 153	8:00
办公室3	45.2	2 193	10:00	2 369	8:00
办公室4	23.5	2 041	10:00	1 753	8:00
办公室5	23.5	2 238	10:00	1 781	8:00
办公室6	33.6	2 204	10:00	2 103	8:00
领导办公室1内间	24.0	1 800	17:00	1 914	8:00
领导办公室1外间	23.5	1 718	17:00	1 767	8:00
领导办公室2内间	24.0	1 737	10:00	1 788	8:00
领导办公室2外间	23.5	1 604	10:00	1 662	8:00
走廊及卫生间	89.2	4 521	10:00	3 923	8:00
合计（kW）	—	26.5		25.1	—

注：① 新风负荷完全由全新风机处理，以上负荷计算不包括新风负荷。
　　② 制热负荷不包含潜热负荷。
　　③ 室内负荷的保险系数取值：制冷为－1.05；制热为－1.1。

4.3.3　室内外机形式及容量确定

变制冷剂流量空调系统室内外机容量的确定包括以下步骤：根据室内冷热负荷，初步确定满足要求的室内机形式和额定制冷/制热量；根据同一系统室内机额定制冷/制热量总和，选择相应的室外机及其额定制冷/制热量；按照设计工况，对室外机的制冷/制热能力进行室内外温度、室内外机负荷比、冷媒管长和高差、融霜等修正；利用室外机的修正结果，对室内机实际制冷/制热能力进行校核计算；根据校核结果确认室外机容量。

1. 室内机形式的选择

该建筑为办公空间，主要房间有办公室、会议室和走廊。

办公室和会议室：考虑到办公室和会议室多为大空间或狭长型空间，选择四面出风嵌入式室内机（冷暖类型），该机型机外余压大，安装方式多样，可以根据空间特点及装潢吊顶灵活地布置风口，气流分布均匀。

走廊：走廊为狭长空间，且为全吊顶形式，吊顶不高，吊顶内的管路较为复杂（有消防、新风管路等），故选择一面出风嵌入式室内机（冷暖类型），既可以满足狭长空间送风要求，又可以减少对吊顶内管路的影响。

2. 室内机容量初选

根据室内冷热负荷，初步确定满足要求的室内机形式和额定制冷/制热量。根据各房间的峰值负荷选择相应的室内机，室内机容量不小于各房间峰值负荷，室内机的容量参照标准工况下的容量。实际应用中，由于连接率及温度等设计条件的不同，室内机的实际容量不同于额定容量,因此在选择室内机时,可选择容量接近或稍大的机型,以标准层6层为例,各房间的室内机暂定容量见表4-13。

表4-13　6层各房间室内机形式容量表

房间名称	房间面积(m²)	峰值负荷		室内机机型	台数	室内机容量	
		冷负荷(kW)	热负荷(kW)			制冷量(kW)	制热量(kW)
办公室1	53.6	3.3	2.9	MDV-D36Q4/N1-C	1	3.6	4.0
办公室2	56.6	3.2	3.2	MDV-D36Q4/N1-C	1	3.6	4.0
办公室3	45.2	2.2	2.4	MDV-D28Q4/N1-C	1	2.8	3.2
办公室4	23.5	2.1	1.8	MDV-D28Q4/N1-C	1	2.8	3.2
办公室5	23.5	2.2	1.8	MDV-D28Q4/N1-C	1	2.8	3.2
办公室6	33.6	2.2	2.1	MDV-D28Q4/N1-C	1	2.8	3.2
领导办公室1内间	24	1.8	1.9	MDV-D22Q1/N1-C	1	2.2	2.6
领导办公室1外间	23.5	1.7	1.7	MDV-D22Q1/N1-C	1	2.2	2.6
领导办公室2内间	24	1.7	1.8	MDV-D22Q1/N1-C	1	2.2	2.6
领导办公室2外间	23.5	1.6	1.7	MDV-D22Q1/N1-C	1	2.2	2.6
走廊及卫生间	89.2	4.5	3.9	MDV-D18Q1/BN1	3	1.8	2.2
合计					13	32.6	37.8

3. 室外机容量初选

（1）空调系统的划分

在选择室外机时,首先要确定该室外机所覆盖的范围,即该系统所对应空间以及室内机的台数及容量大小,然后再根据室内机的容量总和、连接率选择相应的室外机容量。本项目目标建筑办公层内不设空调机房,室外机统一放置在裙楼楼顶上,故将每层楼单独划分为一个空调系统。

（2）室外机容量初选

根据同一系统室内机额定制冷/制热量总和,选择相应的室外机及其额定制冷/制热量;根据表4-13,室内外机容量配比控制在80%~130%。标准层6层的室外机选型见表4-14。

表4-14　6层空调室外机初选表

层数	室内机额定制冷量总和(kW)	室内机额定制热量总和(kW)	室外机机组型号	室外机额定制冷量(kW)	室外机额定制热量(kW)	台数
6层	29.0	33.4	MDV-280(10)W/D2SN1-8U0	28	31.5	1

注：表中的室内外机容量均基于以下标准工况。
　　制冷：室内干球温度27℃、湿球温度19℃;室外干球温度35℃;等效配管长度7.5 m、高低差0 m。
　　制热：室内干球温度20℃、湿球温度19℃;室外干球温度7℃、湿球温度6℃;等效配管长度7.5 m、高低差0 m。

4. 室外机制冷/制热能力修正

在变制冷剂流量空调系统的设计中,需要考虑到其他外界因素(温度、连接率、管长和除霜等)对系统制冷/制热能力的影响。所以需要对额定工况下的室外机的制冷/制热容量进行修正,从而得到实际的制冷/制热容量。

以标准层 6 层为例,空调设备的选型及计算条件如下。

① 室外机:MDV-280(10)W/D2SN1-8U0。

② 室内机:MDV-D36Q4/N1-C,2 台;

    MDV-D28Q4/N1-C,4 台;

    MDV-D22Q1/BN1,4 台;

    MDV-D18Q1/BN1,3 台。

③ 室外温度:夏季 36.5℃,冬季—0.8℃。

④ 室内温度:夏季 26℃,冬季 18℃。

⑤ 冷媒配管长:等效配管长度 85.2 m。

(1)连接率的计算

$$连接率=\frac{室内机的总计额定容量}{室外机的额定容量}=\frac{3.6\times2+2.8\times4+2.2\times4+1.8\times3}{28}\times100\%$$
$$=116.4\%$$

(2)室外机实际制冷能力(表 4-15)

表 4-15　MDV-280(10)W/DSN1-840 机器能力表(制冷)

组合 (容量系数)	室外气温(℃)	室内气温(℃)					
		18		19		20	
		总制冷能力 (kW)	输入功率 (kW)	总制冷能力 (kW)	输入功率 (kW)	总制冷能力 (kW)	输入功率 (kW)
120%	33	29.1		29.5			
	35			29.0			
	37			28.6			
110%	33			29.0			
	35			28.5			
	37			28.1			
100%	33			28.0			
	35			28.0			
	37			27.5			

室外机额定制冷能力:28.0 kW。

当室外温度为 36.5℃时,根据表 4-15 计算:

连接率为 120%时的制冷能力:28.6+(29.0—28.6)×(1/4)=28.7 kW;

连接率为 110%时的制冷能力:28.1+(28.5—28.1)×(1/4)=28.2 kW;

连接率为 116.4%时按比例推算:28.2+(28.7—28.2)×(6.4/10)=28.52 kW。

配管修正系数:根据室外机高度和配管长度查图 4-6,管长修正系数为 0.83。

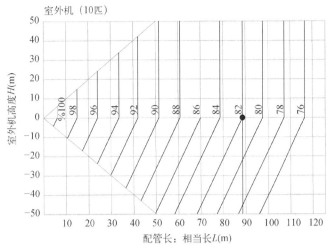

室外机（10匹）

图 4-6　室外机管长衰减图（制冷）

室外机实际制冷能力＝连接率为 116.4％ 时的制冷能力×配管修正系数

$$＝28.52×0.83$$

$$＝23.67 \text{ kW}$$

（3）室外机实际制热能力（表 4-16）

表 4-16　MDV-280（10）W/DSN1-840 机器能力表（制热）

组合 （容量系数）	室外气温 （℃）	室外气温 （℃）	室内气温（℃）		
			16	18	20
			总制热能力（kW）	总制热能力（kW）	总制热能力（kW）
120%	−3	−3.7		28.02	
	0	−0.7		30.24	
	3	2.2		32.56	
110%	−3	−3.7		28.38	
	0	−0.7		30.63	
	3	2.2		32.99	
100%	−3	−3.7		28.80	
	0	−0.7		31.10	31.5
	3	2.2		33.50	
	7	6			31.5

室外机额定制热能力：31.5 kW。

当设计温度为 −0.8℃ 时，根据表 4-16 计算：

连接率为 120％ 时的制热能力：$28.02＋(30.24−28.02)×(22/30)＝29.64$ kW；

连接率为 110％ 时的制热能力：$28.38＋(30.63−28.38)×(22/30)＝30.03$ kW；

连接率为 116.4％ 时按比例推算：

$$29.64＋(30.03−29.64)×(6.4/10)＝29.89 \text{ kW}。$$

配管修正系数：根据室外机高度和配管长度查图 4-7 可得，管长修正系数为 0.925。

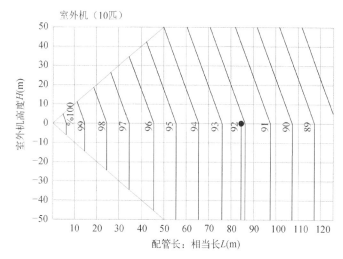

室外机（10匹）

图 4-7　室外机管长衰减图(制热)

融霜系数：表 4-17 为室外单元入口处不同空气温度下结霜时的制热能力修正系数，根据表格数据，$-0.8℃$时的融霜系数可按比例推算为：$0.87 + (0.89 - 0.87) \times (8/30) = 0.875$。

由此可得：

室外机实际制热能力 = 连接率为116.4%时的制热能力×配管修正系数×融霜衰减系数
$$= 29.89 \times 0.922 \times 0.875$$
$$= 24.11 \ \text{kW}。$$

表 4-17　结霜时制热能力修正系数

室外单元入口处空气干球(湿球)温度(℃)	-7 (-7.6)	-5 (-5.6)	-3 (-3.7)	0 (-0.7)	3 (2.2)	5 (4.1)	7 (6.0)
结霜时的制热能力修正系数	0.96	0.94	0.89	0.87	0.90	0.98	1

5. 室内机实际制冷/制热能力计算

利用室外机的修正结果，对室内机实际制冷/制制热能力进行校核计算。按照式 (4-4)计算每台室内机的实际制冷/制热能力，计算结果见表 4-18。

$$室内机实际制冷/制热能力 = \frac{室外机实际制冷/制热容量×室内机的额定容量}{室内机的总计额定容量} \quad (4-4)$$

表 4-18　各房间实际制冷/制热能力计算结果

房间名称	房间面积(m²)	室内机型号	台数	室内机容量(同开*1)	
				实际制冷量(kW)	实际制热量(kW)
办公室 1	52.0	MDV-D36Q4/N1-C	1	2.61	2.56
办公室 2	56.6	MDV-D36Q4/N1-C	1	2.61	2.56
办公室 3	45.2	MDV-D28Q4/N1-C	1	2.03	2.05

(续表)

房间名称	房间面积(m²)	室内机型号	台数	室内机容量(同开*1)	
				实际制冷量(kW)	实际制热量(kW)
办公室 4	23.5	MDV-D28Q4/N1-C	1	2.03	2.05
办公室 5	23.5	MDV-D28Q4/N1-C	1	2.03	2.05
办公室 6	32.0	MDV-D28Q4/N1-C	1	2.03	2.05
领导办公室 1 内间	24.0	MDV-D22Q1/N1-C	1	1.60	1.41
领导办公室 1 外间	23.5	MDV-D22Q1/N1-C	1	1.60	1.41
领导办公室 2 内间	24.0	MDV-D22Q1/N1-C	1	1.60	1.41
领导办公室 2 外间	23.5	MDV-D22Q1/N1-C	1	1.60	1.41
走廊及卫生间	89.2	MDV-D18Q1/BN1	3	3.92	4.22
合计	417	—	—	23.66	23.18
室外机	型号:MDV-280(10)W/DSN1-840; 实际制冷能力:23.67 kW;实际制热能力:24.11 kW;连接率:116.4%				

注:同开*1 即系统中所有的室内机同时开启的状况。

6. 系统室内外机的调整校核

根据校核结果确认室外机容量。将表 4-18 室内机实际制冷/制热能力与表 4-13 中峰值负荷对比,可看出,设计条件下室内机所能提供的能力小于各房间峰值时的负荷需求,这表示室内机能力不足,且室外机的实际制冷量也无法满足该系统峰值时所需的制冷量,故需要重新调整室内外机的配置,以达到负荷要求。

放大室内外机的容量,重新选择室外机,重新计算系统的实际能力值,校核系统的实际能力值是否满足负荷的要求,校核过程在此不再赘述,调整后得到室内外机配置,见表 4-19。

表 4-19 调整后的室内外机配置

房间名称	房间面积 (m²)	室内机型号	台数	室内机容量(同开*1)	
				实际制冷量(kW)	实际制热量(kW)
办公室 1	52	MDV-D36Q4/N1-C	1	3.04	2.85
办公室 2	56.6	MDV-D36Q4/N1-C	1	3.04	2.85
办公室 3	45.2	MDV-D28Q4/N1-C	1	2.36	2.28
办公室 4	23.5	MDV-D28Q4/N1-C	1	2.36	2.28
办公室 5	23.5	MDV-D28Q4/N1-C	1	2.36	2.28
办公室 6	32	MDV-D28Q4/N1-C	1	2.36	2.28
领导办公室 1 内间	24	MDV-D28Q4/N1-C	1	2.36	2.28
领导办公室 1 外间	23.5	MDV-D28Q4/N1-C	1	2.36	2.28
领导办公室 2 内间	24	MDV-D28Q4/N1-C	1	2.36	2.28
领导办公室 2 外间	23.5	MDV-D28Q4/N1-C	1	2.36	2.28
走廊及卫生间	89.2	MDV-D18Q1/BN1	4	6.07	6.27
合计	417	—	—	31.03	30.21
室外机	型号:MDV-335(12)W/DSN1-880; 实际制冷能力:27.99 kW;实际制热能力:30.22 kW;连接率 109.9%				

结论：调整后的室内机容量均能满足室内的负荷要求，且室外机的实际容量均能满足系统制冷/制热峰值负荷要求。

4.3.4 室内外机布置

1. 室内机的布置

本项目的设计对象是办公空间，层高为 3.7 m，空间较大，形状规则，为保证良好的制热效果，可采用四面出风嵌入式上送风，送风角度为 65°。每个办公室根据选取的室内机进行气流组织校验。以办公室 1 为例，选取 MDV-D45Q4/N1-C。由于层高为 3.7 m，气流终点为人员活动区域，其终点速度也满足室内活动区的允许速度。设计区域的室内机布置情况具体如图 4-8 所示。

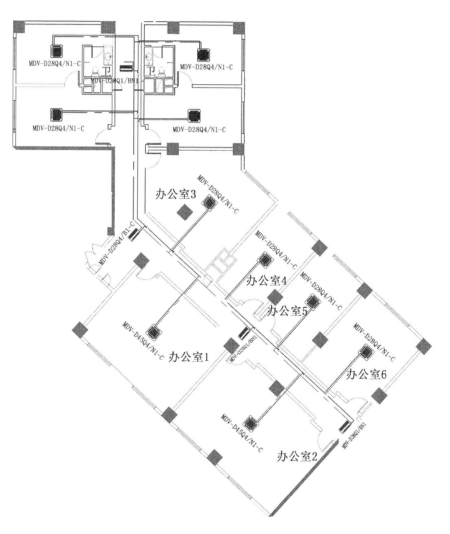

图 4-8 室内机布置

2. 室外机的布置

本项目裙楼屋顶空间较大,所以采用集中摆放的方式,即所有的变制冷剂流量空调系统室外机统一摆放在裙楼屋顶上。根据裙楼屋顶形状,考虑足够的安装、维修、保养和散热空间,布置情况如图4-9所示。

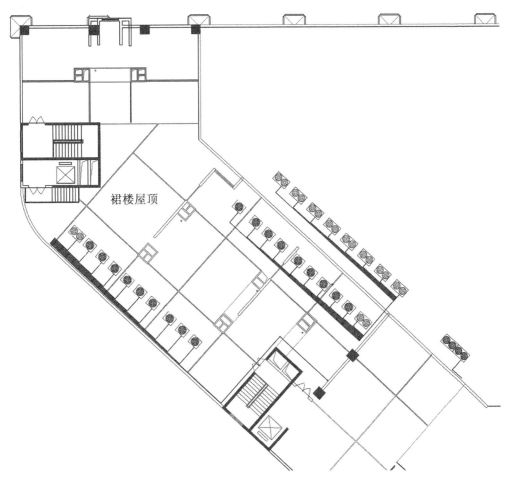

图 4-9　室外机布置

4.3.5　冷媒配管设计

图4-10为本项目6～12层变制冷剂流量空调系统室内机平面布置图。其冷媒配管包括气管回路和液管回路,主要部件为气管、液管和冷媒分支系统。为更好地说明设计实例,结合图4-3给出的制冷剂管路示意,说明冷媒配管的设计过程,并给出本项目的设计结果。

1. 室内外机之间的冷媒配管设计方法

室内外机之间的冷媒配管设计应从最末端的室内机开始,需要确定的是冷媒配管(气管和液管)的尺寸以及分歧管的型号。

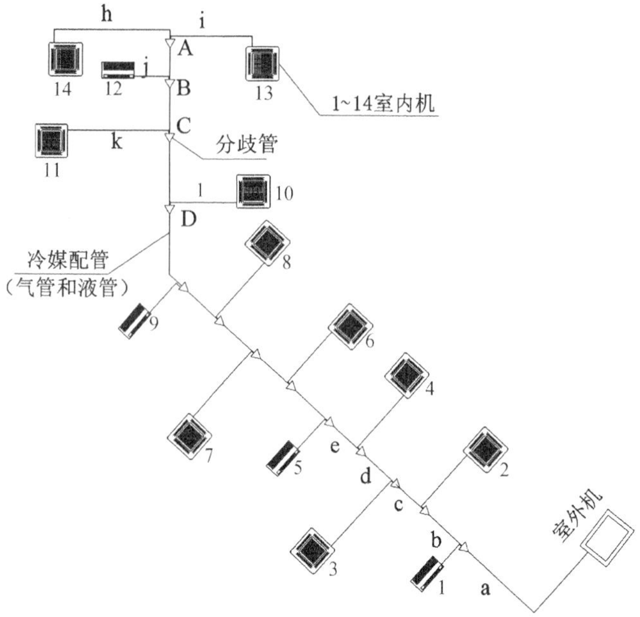

图 4-10　6～12 层变制冷剂流量室内机布置

（1）冷媒配管尺寸的设计

分歧管与室内机之间的冷媒配管（图 4-3 中的 g、h、i、j、k、l 段）的尺寸需与室内机上的连接配管尺寸一致，因此可根据室内机的容量大小选择相应的配管尺寸，可参见表 4-5。

本任务中，室内机容量均为 2.8 kW，故所有分歧管与室内机之间的冷媒配管尺寸均选用气管 ϕ12.7 mm、液管 ϕ6.4 mm。

分歧管间冷媒配管（图 4-3 中的 b、c、d、e 段）的尺寸根据该分歧管下游连接的所有室内机的总容量指数选择，连接配管的尺寸不得大于冷媒主配管的尺寸。

本任务中，从最末端室内机开始，前五台室内机容量之和小于 14 kW，所以在 10 号室内机之前的分歧管间的冷媒配管尺寸选用气管 ϕ15.9 mm、液管 ϕ9.35 mm；前 7 台以内，即 8～10 号室内机之间的分歧管间的冷媒配管尺寸选用气管 ϕ19.0 mm、液管 ϕ9.35 mm；以此类推，5～8 号室内机之间的分歧管间的冷媒配管尺寸选用气管 ϕ22.0 mm、液管 ϕ12.7 mm；3～5 号室内机之间的分歧管间的冷媒配管尺寸选用气管 ϕ25.4 mm、液管 ϕ12.7 mm；1～3 号室内机之间的分歧管间的冷媒配管尺寸选用气管 ϕ28.6 mm、液管 ϕ15.9 mm。

冷媒配管主配管（图 4-3 中的 a 段）管径的大小应与该系统连接的室外机系统的连接配管尺寸相同，即根据室外机的容量选择对应的主配管尺寸。当等效管长超过 90 m 时，要增加主配管的直径。

本任务中，冷媒配管的主配管指室内机 1 与室外机相连的一段配管。根据选型可知室外机的容量处于 40～55 kW 范围内，所以该段冷媒配管尺寸选用气管 ϕ28.6 mm、液管 ϕ15.9 mm。

（2）分歧管的选型

第一分歧管（图 4-3 中的 A 分歧管）的型号根据室外机的容量选择，具体参见厂家给出的分歧管参数。除第一分歧管外的其他分歧管(图 4-3 中的 B、C、D、E 分歧管),应根据该分歧管下游连接的所有室内机的总容量指数进行选型,表 4-20 给出了某厂家分歧组件选择供参考。

表 4-20　室外机第一分歧组件选择

室外机/室内机总容量(kW)	制冷剂分歧组件型号
≤14	FQZHN-01C
14~40	FQZHN-02C
40~55	FQZHN-03C
55~85	FQZHN-04C
85~120	FQZHN-05C

第一分歧管是指 1 号室内机与室外机相连的分歧管。根据室外机容量,应选用 FQZHN-03C 型号。

除第一分歧管外,根据表 4-20,10~15 号室内机之前的分歧管选型应为 FQZHN-01C;1~10 号室内机之前的分歧管选型应为 FQZHN-02C。

2. 室外机之间的冷媒配管设计方法

若室外机由多模块组成(容量超过某一值),需根据该室外机的模块数,选择连接配管组件。表 4-21 给出了某厂家室外机不同模块之间的配管组件选择供参考。

表 4-21　室外机不同模块之间配管组件选择

室外机台数	室外机配管组件
2 台	FQZHW-02N1C
3 台	FQZHW-03N1C
4 台	FQZHW-04N1C

4.3.6　冷凝水管设计

本任务中,冷凝水管全部是水平管道,斜度设计为 1/100。单台室内机制冷能力是 2.8 kW,故与室内机相连的一段冷凝水管选择 PVC25 型;9~15 号的冷凝水汇流管选择 PVC32 型,1~9 号的冷凝水汇流管选择 PVC40 型。本任务中采用集中排水方式,各室内机冷凝水管统一汇合到卫生间。

思　考　题

1. 变制冷剂流量空调系统的主要优点是什么? 其适用场合有哪些?
2. 常见的变制冷剂流量空调系统有哪几种形式?
3. 在变制冷剂流量空调系统的设计过程中,应注意哪些问题?
4. 送风状态参数与设计不符时,可从哪些方面分析原因?

5. 室内机的布置需要考虑哪几方面的因素？

6. 室内气流速度超过允许值时，可以采取哪些措施加以改进？

7. 变制冷剂流量空调系统的室外机集中摆放要遵循哪些原则？

8. 简述变制冷剂流量空调系统中风管设计的原则。

9. 变制冷剂流量空调系统冷媒配管和分歧管设计时有哪些注意事项？

10. 简述变制冷剂流量空调系统与变风量空调系统的异同。

参 考 答 案

项目一　全空气空调系统设计

1.（1）按照空调中空气处理设备的设置情况分类,可分为三种。

① 集中式空调。此类系统的主要形式有单风管系统、双风管系统、变风量系统等全空气系统。此类系统的空气处理设备集中在机房里,处理过的空气通过风管送至各房间,适用于面积大、房间集中、各房间热湿负荷比较接近的场所,常用于大空间中。

② 半集中式空调。既有机房集中处理也有末端用户单独处理空气的空调系统,典型代表是变制冷剂流量空调系统和水-空气系统。适用于房间要求单独灵活控制的场所。

③ 分散式空调。末端用户都有独立的空气处理设备的空调。空调器可直接安装在末端用户房间里,就地处理空气。适用于面积小、房间分散、灵活控制、热湿负荷相差大的场所,是家用空调及车辆用空调的主要形式。

（2）按照空调使用目的分类,可分为两种。

① 舒适性空调。适用于要求温度适宜,环境舒适,对温湿度的调节精度无严格要求的场所,如住宅、办公室、影剧院、商场、体育馆等场所。

② 工艺性空调。适用于对空气温度、湿度或洁净度有一定要求的场所,如电子器件生产车间、精密仪器生产车间、计算机房、生物实验室等。

（3）按负担室内热湿负荷所用的介质分类,可分为四种。

① 全空气系统。空调房间的室内负荷全部由经过处理的空气来负担。由于空气比热小,普遍系统风量大,需要较大的风管空间,输送能耗大,适用于商场、候车厅、影剧院等。

② 全水系统。空调房间的热湿负荷由水负担,由于水的比热大,管道占用空间小。但在消除余热、余湿的同时不能解决室内通风换气的问题,所以一般不单独使用。

③ 水-空气系统。由处理过的空气和水共同负担室内空调负荷。适用于宾馆、办公楼、医院、商业建筑等。

④ 制冷剂系统。将制冷系统的蒸发器(或冷凝器)直接放在室内来承担空调房间热湿负荷,冷热量输送损失少。常见的制冷剂系统如家用房间空调器和商用单元式空调器。

（4）按照空调系统处理空气的来源分类,可分为三种。

① 直流式系统,又称为全新风系统。空调器处理的空气全部为室外新风,经处理后送到室内,然后全部排放到室外。该类空调系统卫生条件好、能耗大、经济性差,适用于不宜回风再利用的场所,如有毒气体实验室、无菌手术室等。

② 封闭式系统,又称为再循环空调系统。空调系统处理的空气全部回收再循环利用,不引入室外新风。该类系统能耗小、卫生条件差,适用于无人停留的地下建筑某些区域。

③ 混合式系统。空调系统处理的空气是新风和室内回风的混合,兼有前述两种系统的优点,适用性较强,可应用于宾馆、办公室、住宅、剧场等场所。

此外,也有根据风量是否变化、风管数目、空调运行时间等进行分类的方法。

2.(1)直流式系统卫生条件好,但能耗大、经济性差,适用于不宜回风再利用的场所,如有毒气体实验室、无菌手术室等。

(2)封闭式系统能耗小,但卫生条件差,适用于无人停留的地下建筑某些区域。

(3)混合式系统兼有前述两种系统的优点,适用性较强。

3. 空调系统的设计包含以下流程:

(1)选取参数;

(2)计算空调负荷;

(3)确定空调系统方案;

(4)设计空调风系统;

(5)设计空调水系统。

4. 考虑目标建筑的用途和性质、热湿负荷特点、温湿度调节和控制的要求、空调机房的面积和位置、初投资和运行维修费用等许多方面的因素,选定合理的空调系统。

5. 风管的水力计算方法有压损平均法、假定流速法等。

6. 冷负荷分为非稳定传热形成的冷负荷以及稳定传热带来的冷负荷。

① 非稳定传热计算部分包含:通过围护结构进入的非稳定传热得热量;通过透明围护结构(如外窗)进入的太阳辐射得热量;人体散热得热量;非全天使用的设备、照明灯具的散热得热等。

② 可按稳定传热方法计算的冷负荷包含:室温允许波动范围$\geq \pm 1°C$的舒适性空调区,通过非轻型外墙进入的传热量;空调区与邻室的夏季温差$>3°C$时,通过隔墙、楼板等内围护结构进入的传热量;人员密集场所、间歇供冷场所的人体散热量;全天使用的照明散热量,间歇供冷空调区的照明设备散热量等;新风带来的热量;伴随各种散湿过程产生的潜热量。

常用的冷负荷计算方法主要有谐波法和传递函数法两种。

7. 送风方式,送风结露和是否满足换气次数要求等。

8. 空调风系统设计的基本任务包含确定风管系统的形式、风管的走向和在建筑空间内的位置、风口布置,以及进行空气处理过程计算、风系统水力计算。

9. 空调水系统的设计任务包含水管布置、水管尺寸的确定以及水泵选型。

10. 根据负荷计算结果,结合机组额定功率选择多台或单台空调系统冷热源设备,确定冷冻水供/回水温度和热水进/出水温度。

11. 小型水系统,一般将冷水循环泵与热水循环泵共用,但应校核水泵满足冷/热水供应流量、扬程、台数的需求。冷源侧冷水泵的水量,一般对应冷水机组水量;用户侧冷水泵的水量一般通过冷负荷最大值计算得到。选型时应附加 5%～10% 的裕量。水泵的扬程应为最不利环路的阻力损失之和,选型时也应附加 5%～10% 的裕量。

项目二 风机盘管＋新风系统设计

1. 风机盘管的选择需考虑风机盘管的形式、效率、造价、安装在建筑空间内的位置及后期维护等。

2. 风机盘管适合多房间空调,各室允许不同的热舒适要求,自主设定室内温度值,广泛用于酒店客房等场所。

3. 单一房间最小新风量需满如下三个要求:

① 人员对空气品质的要求。

② 补充排风的需求。

③ 保证空调房间正压要求。舒适性空调一般采取 5 Pa 正压值,当维持 10 Pa 正压值时,一般可按照每小时约 1～1.5 次换气来计算。

最终,单一房间最小新风量取上述①的值、②与③的值之和,两者中的较大值。

多房间新风机组的新风量等于该新风机组管辖的所有房间新风量之和,并考虑 1.1 倍的漏风系数。

4. 新风处理方式有以下三种:

(1) 新风处理到室内状态的等焓线,即新风不承担室内冷负荷。此时,为处理新风,提供的冷水温度为 12.5～14.5℃,可用风机盘管的出水作为新风机组的进水。该方式易于实现,但是风机盘管为湿工况运行。

(2) 新风处理到室内状态的等湿线,风机盘管仅负担一部分室内冷负荷,新风除了负担自身冷负荷外,还负担部分室内冷负荷,为处理新风提供的冷水温度为 7～9℃。

(3) 新风处理到低于室内焓湿量的工况点,此时新风不仅负担新风冷负荷,还负担部分室内显热冷负荷和全部潜热冷负荷。风机盘管可实现干工况运行。

5.(1) 新风与风机盘管送风分别送入房间。

(2) 新风与风机盘管送风混合后送入房间。

(3) 新风与风机盘管回风混合后送入房间。

6.(1) 两管制

特点:供回水管各一根,夏季供冷水,冬季供热水;简便;省投资;冷热水量相差较大。

适用场合:全年运行的空调系统,仅要求按季节进行冷却或加热转换。目前用得最多。

(2) 三管制

特点:盘管进口处设三通阀,由室内温度控制装置控制,按需要供应热水或冷水;使用同一根回水管,存在冷热量混合损失;初投资较高。

适用场合:要求全年空调,且建筑物内负荷差别很大的场合;过渡季节有些房间要求供冷有些房间要求供热。目前较少使用。

(3) 四管制

特点:占空间大;比三管制运行费用低;在三管制基础上加回水管或采用冷却、加热两组盘管,供水系统完全独立;初投资高。

适用场合：全年运行空调系统,建筑物内负荷差别很大的场合;过渡季节有些房间要求供冷、有些房间要求供热的场合;冷却和加热工况交替频繁的场合。

7. 选择风机盘管时须考虑以下三个方面。

（1）选择风机盘管时,须先根据不同的新风供给方式来计算冷热负荷。当单独设置独立新风系统时,若新风参数与室内参数相同,则可不计新风的冷热负荷;若新风参数夏季低于室内,冬季高于室内,则机组需扣除新风承担的负荷。若依靠渗透或墙洞引入新风,则应计入新风负荷;由于盘管用久后管内积垢,管外积尘,影响传热效果,冷热负荷须进行修正。

（2）根据室内装修要求,选用形式恰当的风机盘管。

（3）根据负荷计算结果,依据风机盘管的规格参数表选择风机盘管。

8.（1）计算各层新风机组风量;

（2）计算各层新风机组冷量;

（3）根据各层的风量和冷量,选择新风机组。

项目三　变风量空调系统设计

1. 特点：区域温度可控;室内空气品质好;部分负荷时风机可通过调速节能和可利用低温新风冷却节能。

适用范围：区域温度控制要求高、空气品质要求高的场所;高等级办公、商业场所。

2. 风机动力型变风量空调系统的应用形式包括串联式风机动力型（简称串联型FPB）和并联式风机动力型（简称并联型FPB）。

串联型FPB内置增压风机与一次风调节阀串联设置,系统运行时,由空气处理机组处理后送出的一次风,经末端内置的一次风风阀调节后,与吊顶内二次回风混合后通过末端风机增压送入空调区域。串联型FPB始终以恒定风量运行,因此该变风量装置适用于需要一定换气次数的场所,如民用建筑中的大堂、休息室、会议室、商场及高大空间等。

并联型FPB是指增压风机与一次风风阀并联设置,经空气处理机组处理后送出的一次风只通过一次风风阀而不通过增压风机,增压风机仅对回风进行加压。系统送冷风且当室内冷负荷较大时可采用变风量、定温度送风方式;送热风或送冷风且当室内冷负荷较小时,可采用定风量、变温度送风方式。

3. 单风道型变风量空调系统主要有三种应用形式,即单冷型单风道系统、单冷再热型单风道系统和冷热型单风道系统。

单风道型变风量空调系统无风机,箱体占用空间比较小,噪声也较小,而风机动力型变风量空调系统末端设置风机;单风道型变风量空调系统出口送风量变化,而风机动力型变风量空调系统中串联型FPB送风恒定,并联型FPB供冷时变化,供热时恒定;单风道型变风量系统出口送风温度一次风供冷、供热时送风温度不变,再加热时送风温度呈阶跃或连续变化。串联型FPB供冷时因一、二次风混合,送风温度变化,供热时送风温度呈阶跃或连续变化。并联型FPB大风量供冷时因仅送一次风,送风温度不变,小风量供冷和供热时风机运行,一、二次风混合,故送风温度变化,供热时送风温度呈阶跃或连续变化;单风道变风量系统与串联型 FPB 一致,可用于内区或外区,主要用于供冷工况,并联型 FPB 适用于外区供冷或供热工况。

4. (1) 每层设置一个内、外区共用系统:每层设置一个内、外区末端共用的变风量空调系统(VAV 系统),属中型系统;系统空调面积取值范围为 $1\,000\sim2\,000$ m²,风量取值范围为 $20\,000\sim40\,000$ m³/h。外区新风量有偏差;因各朝向为同一送风温度,外区末端要求有较大的风量调节范围;不使用的空调区域难以灵活关闭。适用于外区末端带再热或另设加热装置的系统,如串/并联型 FPB、单风管＋外区风机盘管或加热器系统。

(2) 每层设置多个内、外区共用系统:每层设 $2\sim4$ 个内、外区末端共用的 VAV 系统,属小型系统;系统空调面积取值范围为 $500\sim1\,000$ m²,风量取值范围为 $10\,000\sim20\,000$ m³/h;外区新风量有偏差;因按朝向划分了系统,各系统送风温度可调节,外区末端调节范围可减小;不使用的空调区域可灵活关闭。常用于单风管＋外区风机盘管或加热器系统。

(3) 每层设置多个内、外区分设系统:每层设 $4\sim8$ 个 VAV 系统,并划分为内区和外区系统,属小型系统;系统空调面积取值范围为 $300\sim500$ m²,风量取值范围为 $6\,000\sim10\,000$ m³/h;外区单风道末端必须按朝向分区,否则难以满足各朝向不同的冷热要求;外区末端风量调节范围可减小;不使用的区域可灵活关闭。适用于内、外区分列的 VAV 系统。

(4) 内区专用系统:每层仅设单个或多个内区专用的 VAV 系统,属中小型系统;系统空调面积取值范围为 $1\,000\sim2\,000$ m²,风量取值范围为 $20\,000\sim40\,000$ m³/h;VAV 系统只用于内区,采用改善窗际热环境方式处理外围护结构负荷;各区域新风量稳定、均匀;各末端风量调节范围可减小;如采用多个系统,不使用的空调区域可灵活关闭。

5. 空调最基本的分区是内区(内部区)和外区(周边区)。

外区:直接受外围护结构日射得热、温差传热、辐射换热和空气渗透影响的区域。特征在于其夏季有冷负荷,冬季有热负荷。

内区:与建筑物外围护结构有一定距离,具有相对稳定的边界温度条件的区域。它不受外围护结构的日射得热、温差传热和空气渗透等影响。内区全年仅有内热冷负荷。

6. 变风量供冷系统;变风量供冷、热水盘管再热系统;变风量供冷、电加热器再热系统;夏季变风量供冷、冬季变风量供热系统;早晨热启动的变风量供冷系统。

7. 风量检测装置;风量调节阀;加热器;末端风机。

8. (1) 选型条件准备:

① 划分内、外温度控制区;

② 各温度控制区冷、热显热负荷计算;

③ 各温度控制区冷、热显热负荷分析;

④ 确定需要再热的外区及"过冷再热"区域末端装置的加热方式。

(2) 末端装置风量计算。

(3) 风速传感器形式确定。

(4) 末端装置选型。

(5) 加热器选型。

9. 常用人均需求新风量计算法,参考《公共建筑节能设计标准》(GB 50189—2015)和《民用建筑供暖通风与空气调节设计规范》(GB 50736—2012);

10. 变风量空调系统常用的风管布置形式有枝状和环状。

枝状分布从空调器到末端装置只有一条通道;枝状分布方式风管简单,初投资少,但各支路末端风量不易平衡,主干管静压较大,噪声偏大。

环状分布从空调器到末端装置包含两条以上通道。采用环形风管,从空调器到末端装置,送风可从两条以上的通道流动,从而降低并均化了送风管的静压值,降低静压又可使末端装置的噪声减小。环形风管还具备增加或调整末端装置位置的灵活性。环形风管的主要缺点是增加了主风管的复杂性和投资费用。

11. 变风量空调系统风管的计算方法包括假定流速法;静压复得法;摩阻缩减法。

假定流速法适用于低速风管;风量较大、输送距离较长的变风量空调系统可采用高速风管系统,并采用静压复得法进行计算;送风量为 10^5 m³/h 以上的大型高速变风量空调系统,采用摩阻缩减法进行计算。

12. (1) 变风量空调低速送风系统采用等摩阻法计算时,推荐的设计比摩阻为 1 Pa/m,设计时可按此值选用送风管的风速。

(2) 变风量系统一般不设回风末端,故各房间无回风量调节功能,为使各房间回风量平衡,宜减小回风管阻力,比摩阻可取 0.7～0.8 Pa/m。

(3) 末端下游送风管阻力不宜过大,以免降低单风管末端上调节风阀的阀权度,影响风阀的调节性能。

(4) 风速应控制在 4～5 m/s。

(5) 末端下游送风管也可采用铝箔玻璃纤维风管,以强化消声功能。在末端下游送风管与送风口间常采用软管连接,能起消声和接驳作用。由于软管摩阻较大,因此软管长度不宜大于 2 m,不宜小半径弯曲,应直而短。

项目四　变制冷剂流量空调系统设计

1. 变制冷剂流量空调系统把单台或一组室外机的冷/热量通过制冷剂分配到多台室内机末端,对空调房间进行冷热调节。与传统中央空调相比,该类系统既可单机独立控制,又可群组控制,克服了传统集中空调只能整机运行、调节范围有限、低负荷时运行效率不高的弊端,同时其操作更简单;与水系统中央空调相比,没有水管漏水隐患。

变制冷剂流量空调系统适用于多个房间的空调需要独立控制,且冷热负荷不一、运行要求多样的场合。经过多年的发展和提高,变制冷剂流量空调系统已成为一种相对独立的空调系统,广泛应用于办公、公寓住宅、商场、酒店、医院、学校、工厂车间、机房、实验室等各种新建和改扩建民用和工业用建筑中。

2. (1) 按改变压缩机制冷剂流量的方式,可分为变频式和定频式(如数码涡旋、多台压缩机组合等)两类。

(2) 按系统的功能可分为单冷型、热泵型、热回收型和蓄热型四类。

（3）按制冷时冷却介质可分为风冷式和水冷式两类。

3.（1）室内机选型布置。变制冷剂流量空调系统室内机的大小、形式、布置位置均直接影响空调气流组织、空调系统的造价及空调使用效果。应充分掌握各种形式室内机的特点，扬长避短，根据室内空间大小及装饰要求合理选择室内机的形式和大小。室内机的布置要在充分保证空调效果的前提下满足装修设计要求，保证足够的安装（冷媒、冷凝水、电源管路、风管等）及维护空间。

（2）室外机选型布置。在进行室外机选型时，必须考虑室外机的运行率和同时负荷率的平衡性以及制冷与制热的平衡。此外，还必须考虑室内机的连接台数、总容量是否在限制范围内。室外机布置应注意：预留足够的安装、维修和保养空间；保证良好的散热空间。

（3）风管设计。为了使设计的风管式系统能达到使用效果，需要对风管系统进行详细的阻力计算；为了降低气流噪声，风管内和风口应选择合适的风速；为了在室内形成良好的气流分布，必须根据房间结构、功能以及噪音的控制等因素选择合适的空调送、回风气流组织方式。

4.（1）系统阻力方面，系统阻力可能过大；（2）漏风率方面，漏风率可能过大；（3）风机转速方面，风机转速不对；（4）风机选择方面，风机选择不当。

5. 室内机的布置要在充分保证空调效果的前提下满足装修设计要求，保证足够的安装（冷媒、冷凝水、电源管路、风管等）空间及足够的维护空间。具体考虑因素如下：

（1）气流组织方式。在空调房间中，经过处理的空气由送风口进入房间，与室内空气进行混合并进行热交换后，再由回风口吸入。在空气流动过程中，由于流动的状态不同会导致空调效果的偏差，故不同的空间场合采用何种气流组织方式，对于室内的空调效果非常重要；

（2）送风口的设计。送风口的设计对于气流分布至关重要。因此必须合理地进行空调送风口的设计，组织室内空气的流动以达到良好的空气调节效果；

（3）出风要送达的距离。根据室内的形状、层高确认出风是否能够使房间内的所有空间气流分布均匀，避免局部制冷、制热不良而导致的空调效果不良，所以需要确认出风要送达的距离；

（4）扩散半径的影响。每个室内机或者出风口都有一定的扩散半径，在布置时需要注意扩散半径不重叠的原则。当采用散流风口时，若扩散半径重叠，重叠区域的人员会有被直吹的不舒适感；

（5）可能由于隔断或家具、设备等的阻挡而引起气流的停滞。

6. 对风口气流方向进行适当调整，必要时更换风口结构形式。

7.（1）应设置在通风良好、安全可靠的地方，且应注意其噪声、气流等对周围环境的影响；

（2）应远离高温或含腐蚀性、油雾等有害气体的排风口；

（3）侧排风的室外机排风不应与当地空调使用季节的主导风向相对，必要时可增加挡风板。

8. 在风管设计时需要考虑尽量减少运送阻力。同时，为了确保空气调节的最终效果，必须重点考虑气流的形式,因此在进行风管设计过程中应根据室内温湿度参数,允许风速和噪音标准等要求,并结合建筑物特点、内部装修、工艺布置以及设备散热等因素综合考虑确定。

风管设计时应注意以下三方面:①为了使设计的风管式系统能达到使用效果,需要对风管系统进行详细的阻力计算;②为了降低气流噪声,风管内和风口应选择合适的风速;③为了在室内形成良好的气流分布,必须根据房间结构、功能以及噪音的控制等因素选择合适的空调送、回风气流组织方式。

9.(1)应合理选用线式、集中式等冷媒配管布置方式,并进行冷媒配管布置优化;

(2)冷媒配管的最大长度及设备间的最大高差等,不应超过产品技术要求;

(3)冷媒配管的管径、管材和管道配件等应按产品技术要求选用,且其主要配件应由生产厂配套供应。

10.变制冷剂流量空调系统以制冷剂为输送介质,末端室内机由蒸发式换热器和风机直接组成。具有以下优点:可适时满足室内冷热负荷要求;各房间独立调节;能满足不同房间不同空调负荷的需求;使用灵活、易于安装。

变风量空调系统是全空气系统,通过改变送入房间的风量来满足室内变化的负荷。具有以下优点:节能,空调系统大部分时间在部分负荷下运行,通过改变风量来调节室温,大幅减少送风风机能耗,过渡季可利用室外新风作为冷源;不会产生凝结水;系统灵活性好;系统噪声低;不会过冷或过热。

参 考 文 献

[1] 田娟荣,刘婷婷,沈沁副. 通风与空调工程[M]. 北京:机械工业出版社,2010.

[2] 赵淑敏. 通风与空气调节[M]. 北京:中国建筑工业出版社,2001.

[3] 徐勇. 通风与空气调节工程[M]. 北京:机械工业出版社,2005.

[4] 王积鸾. 暖通与空调工程:建筑设备安装专业[M]. 北京:中国电力出版社,2003.

[5] 高桂芝. 空调工程[M]. 南京:南京大学出版社,2013.

[6] 张建荣. 空气调节与中央空调装置(2008)[M]. 北京:中国劳动社会保障出版社,2008.

[7] 黄翔. 空调工程[J]. 暖通空调,2006,36(7):1.

[8] 李援瑛. 中央空调运行管理与维护技术[M]. 北京:机械工业出版社,2012.

[9] HAZIM B A. 建筑通风[M]. 李先庭,赵彬,邵晓亮,等,译. 北京:机械工业出版社,2011.

[10] 孙一坚. 简明通风设计手册[M]. 北京:中国建筑工业出版社,1997.

[11] 刘薇,张喜明,孙萍. 物业设施设备管理与维修[M]. 北京:清华大学出版社,2010.

[12] 陆耀庆. 实用供热空调设计手册[M]. 北京:中国建筑工业出版社,2008.

[13] 蔡敬琅. 变风量空调设计[M]. 北京:中国建筑工业出版社,1997.

[14] 叶大法,杨国荣. 变风量空调系统设计[M]. 北京:中国建筑工业出版社,2007.

[15] 汪善国,李德英. 空调与制冷技术手册[M]. 北京:机械工业出版社,2006.

[16] 赵荣义,钱以明,范存养,等. 简明空调设计手册[M]. 北京:中国建筑工业出版社,1998.

[17] 钱以明,范存养,寿炜炜,等. 简明空调设计手册[M]. 2版. 北京:中国建筑工业出版社,2017.

[18] 电子工业部第十设计研究院. 空气调节设计手册[M]. 北京:中国建筑工业出版社,1995.

[19] 叶大法,杨国荣. 变风量空调系统的分区与气流混合分析[J]. 暖通空调,2006(6):60-66.

[20] 叶大法,杨国荣. 民用建筑空调负荷计算中应考虑的几个问题[J]. 暖通空调,2005(12):62-67.

[21] 中华人民共和国住房和城乡建设部. 民用建筑供暖通风与空气调节设计规范:GB 50736—2012
     [S]. 北京:中国计划出版社,2012.

[22] 中华人民共和国住房和城乡建设部. 公共建筑节能设计标准:GB 50189—2015[S]. 北京:中国计划
     出版社,2015.

[23] 彦启森. 空调与人居环境[J]. 暖通空调,2003,33(5):1-5.

[24] 尉迟斌,卢士勋,周祖毅. 实用制冷与空调工程手册[M]. 北京:机械工业出版社,2002.

[25] 中华人民共和国住房和城乡建设部. 建筑设计防火规范:GB 50016—2014[S]. 北京:中国计划出版
     社,2018.

[26] 中华人民共和国住房和城乡建设部. 绿色建筑评价标准:GB/T 50378—2019[S]. 北京:中国计划
     出版社,2019.

[27] 中华人民共和国住房和城乡建设部. 夏热冬冷地区居住建筑节能设计标准:JGJ 134—2010[S]. 北
     京:中国建筑工业出版社,2010.

[28] 中华人民共和国住房和城乡建设部. 办公建筑设计标准:JGJ/T 67—2019[S]. 北京:中国建筑工业
     出版社,2019.

[29] 彦启森. 空气调节用制冷技术[M]. 4版. 北京:机械工业出版社,2010.

[30] 邵宗义.建筑通风空调工程设计图集[M].北京：机械工业出版社,2006.

[31] 中华人民共和国住房和城乡建设部.民用建筑热工设计规范：GB 50176—2016[S].北京：中国建筑工业出版社,2016.

[32] 叶大法,杨国荣.变风量空调系统设计[M].北京：中国建筑工业出版社,2007.